U0154221

哈佛教你

# 精修管理力

## 17個讓領導人從A到A+的必備技能

《哈佛商業評論》英文版編輯室 著

蘇偉信、侯秀琴、劉純佑 譯

# 目錄

# Contents

序 國立政治大學商學院教授
李瑞華

# 管理與領導的道與術

《哈佛商業評論》全球繁體中文版邀我爲本書寫序，我就從書名和書的結構跟讀者們分享我的淺見。

先從書名談起。這本書原文書名爲 *Harvard Business Review Manager's Handbook: The 17 skills Leaders need to stand out*，中文書名爲《哈佛教你精修管理力：17 個讓領導人從 A 到 A+ 的必備技能》，其中有三點值得討論：

1. 中英文版的書名都出現「管理」與「領導」這兩個概念，透露出企業經理人要能「管理」也要能「領導」的現實，「領導人」要有「管理力」，「管理者」也要有「領導力」，本書的第一章第一節就探討了「管理」與「領導」的差異。我認爲兩者最關鍵的差別，在「領導人」主要的責任，是決定要做「什麼事」及要用「什麼人」，尤其是主導願景、核心價值、核心戰略等關鍵大事及任免高階主管等關鍵人才；而「管理者」主要的責任，是「把事做對」及「把人用好」。經理人必須兼具「領導」和「管理」的能力，把對的事做對，把對的人用好，才能產生最佳效益。

這兩者孰輕孰重，是因時空因情境不同而千變萬化的，沒有一定的標準答案。眞正的挑戰是動態平衡，所以最難也最關鍵的功夫就是「度的拿捏」，愈高階的經理人「領導」比「管理」更重要，「拿捏」的功夫也愈重要。

2. 原文版用的 skill，是具體的「技巧」或「方法」，更多「術」的層面。中文版用的「技能」，除了「技巧」和「方法」等「硬能力」之外，還有「軟能力」的層面，或者說，除了「術」還得有「道」。「術」是怎麼做，是具體的有效操作和執行；「道」是爲何做、做什麼、不做什麼，是更深層次的根本「價值」、「規律」、「原則」，重視「概括性」和「整體性」多過「具體性」。經理人必須「術道兼具」，才能有效管理和領導，術與道孰輕孰重也是「動態平衡」，愈高階的經理人，「道」比「術」更重要，術與道之間「度」的拿捏也更重要。

3. 原文版的 To stand out 和中文版的「從 A 到 A+」，都強調不只要「好」，還要「更好」，這是「沒有最好只有更好」的心態，不斷追求卓越的精神，中文版的「精修」，更進一步強調這種心態要付諸以行，反映了領導與管理是沒有終點的一條道路，只要還在路上，就得不斷修行精進。這種精神也體現出儒家「止於至善」，或是佛家「覺行圓滿」的「修道精進」。

綜合兩個版本的書名，這本書要傳遞的是：優秀的經理人要兼具管理和領導的能力，要道術兼修，還要有不斷追求卓越精進精神，這種認知和心態，是成功的基礎和必要條件。兩個版本書名的不同，反映了雖然書的內容以管理之術爲主，但也有領導之道的探討。

我不是要咬文嚼字，而是分享我注意到書名的不同，綜合兩個版本的隱藏思維，帶出不要忘了讀這本書的初衷，是成爲更好的經理人，也不要受限於文字或內容的表面意涵，所謂盡信書不如無書，要通過反思去發掘更深層的智慧。英文版的書名，直接指出對象是「經理人」，而「手冊」則是多面向實用性的意圖，及以「怎麼做」（How to）爲主的定位。但這本書如果只是當作「手冊」，那只是一本工具書，如果能邊讀邊反思，則不同的人能得到不同層次的東西，如果能結合自己原有的功夫，經過反思而融會貫通，則不管功夫深淺，都能因此而功力精進。

再來談談結構。如何成爲更好的經理人？如何提升管理和領導的能力和效益？這本書的結構其實就蘊藏了很簡單很關鍵但普遍被忽視的智慧。在全球化、科技化、網路化、移動化的大環境下，我們一味地追求極快速極大化，變得非常浮躁，發揮更多的創意去找捷徑，而忽略了要更快地蓋好更高更大的樓，打好地基及按部就班更是重要的自然法則。首先，第一部先探討「領導人的心態」，這是非常重要的基礎，你爲什麼要成爲領導人？要成爲怎麼樣的領導人？如何定義成功？成功的基本關鍵及要素是什麼？就像蓋房子一樣，在不同的條件下蓋不同的房子，要打不同的地基，要清楚爲了什麼？要什麼？不要什麼？需要靠什麼？不能靠什麼？這就是先要有明確的「初衷」，有依循的「道」。

西方管理學者提出在上一世紀提出「轉化型領導」（Transformational leaders）及「交易型領導」（Transactional leaders）（Burns, 1978）的思維，而儒家在兩千多年前就提出「王道」和「霸道」。「王道」是通過教化的手段和過程去擴大影響力而「平天下」（更和諧的社會，更好的世界），那不就是「轉化型領導」？「霸道」是通過厲害強勢的手段和過程去擴大影響而「得天下」（我的，我們的世界），那不就是「交易型領導」？「平天下」是「天下大同」，是「普渡衆生」，是「責任」，是重「義」的心態；「得天下」是「利益」，是「占有」，是「我贏你輸的零和」，是重「利」的心態。初衷、心態不同，對成功的定義就不同，所遵循的「道」和所用的「術」也就不同。編者把「信任感」、「可信度」、「情緒智慧」放在第一部，正好呼應了儒家強調「誠意」、「正心」的重要，也呼應了佛家以「戒定慧」去制服「貪嗔癡」的人性弱點。這是以「王道」思維和心態成為「轉化型領導」的關鍵基本功。忽略了關鍵的基礎，自然就落入「交易型領導」的「霸道」，還以為那是理所當然的。這也是短期交易或永續經營兩種迥然不同的初衷和心態，其途徑和結果也自然不同。

釐清了成為領導人的初衷和心態，打好了堅固的地基，接著就要按部就班，一層一層地往上蓋出心目中的房子。第二部到第五部，分成「管理自我、管理個人、管理團隊，到管理企業」，這如同儒家的「修身、齊家、治國、平天下」的「內聖外王」思維，也如道家所言：「圖難於其易，為大於其細」，「九層之臺起於累土，千里之行始於足下」，「道生一、一生二、二生三、三生萬物」。「轉化型領導」，要先轉化自己，然後再去轉化別人，然後再一起努力去轉化團隊，最後轉化整個企業。

「管理」就是以人為的手段和方法改變現狀，有效的管理就是愈管愈好，是一個不斷良性轉化的過程，也是一個避免惡性轉化的過程。轉化過程中，「人」是根本要素，人轉化了，事就自然跟著轉化。「轉化型領導」跟「交易型領導」最關鍵的差異，在於「交易型」只在乎把事做好，而「轉化型」則要求在把事做好的過程中，人也要轉化成更好的人，如此則未來才能把事做得更好，「人」與「事」不斷地相互影響，不斷地轉化提升，潛能也就不斷地釋放出來。

「領導」就是引領和導引他人去完成任務，同時幫他們不斷學習成長。前奇異（GE）執行長傑克．威爾奇（Jack Welch）說：「成爲領導人之前，成功靠的是自我成長；成爲領導人之後，成功靠的是幫他人成長，把他們的潛能充分發揮出來」。這跟孟子說的「窮則獨善其身、達則兼善天下」完全吻合。「轉化型領導人」最重要的，就是通過不斷學和教，不斷轉化自己和別人，不斷擴大轉化的影響力去讓團隊、讓組織、讓社會變得更好。

這本書的結構，其實爲經理人呈現了一條清楚路徑，那就是從個人的自我覺知和管理開始，然後再去管理和領導他人，提升他們的自我覺知和管理的能力，逐步擴大影響，人才不斷地凝聚不斷地精進，最後企業自然形成很好的生態環境，人與事、個人與團隊，不斷相互影響，企業經營績效不斷提升的同時，員工、主管、團隊、企業也都變得更好了，也爲企業的永續經營打下了堅實的基礎。這條路徑其實就是儒家「修身、齊家、治國、平天下」的「內聖外王」路徑，也是佛家「自覺、覺他、覺行圓滿」的修行路徑。

希望這本書有助於你成爲一位更好的經理人，幫助你反思並提升管理和領導的道與術，幫助你引領你的團隊和企業，不斷轉化，不斷精進，讓自己和員工成爲更好的人，把對的事做得更對更好，社會也因此變得更好，這是每一個企業和其經理人最根本的企業社會責任。

與讀者諸君共勉之。

序 國立中央大學人力資源管理研究所副教授
林文政

# 成爲好主管的心法與技法
## ——兼具管理的「道」與「術」

《哈佛教你精修管理力：17 個讓領導人從 A 到 A+ 的必備技能》一書猶如企業主管在管理工作上的武功祕笈，可提供讀者良好的練習機會，熟練武功祕笈者在日常管理工作上未必因此都能百戰皆捷，但可確定的是，未曾修練或疏於練習的人，恐怕在管理路上會艱辛坎坷，爲「彼得原理」現象（注：被晉升到一個不適任的位置）多增添不幸個案。

本書從《哈佛商業評論》一些重要的文章或書籍中，汲取重要觀點，重新編寫而成，並有系統地將其分成五大部分，分別是「培養領導人心態」、「自我管理」、「管理個人」、「管理團隊」以及「管理企業」。然而要有效從這本書中學習，進而融會貫通，個人認爲可以從以下兩個觀點切入：

### 管理之道 vs. 管理之術

本書可從管理之「道」與「術」的這個角度來理解，

「道」的思想強調整體性、原則性和系統性，而「術」的思想則強調局部性、操作性和技術性。這本書的前兩部分：「培養領導人心態」以及「自我管理」，正是強調管理之「道」，強調管理的根本在於正確的領導心態，以及做好自我管理；而後三部分：「管理個人」、「管理團隊」以及「管理企業」，則是闡述管理之「術」，指出要成爲一位好主管，要學習管理好個人、團隊和企業的各種技能。

「道」一般是指事物的根本原則和規律，「術」則是指方法、技巧或技術，道是中心根本，術是旁枝末節，所以，讀者在閱讀本書進行修練時，要以前兩部分的內容爲本，後三部分的內容爲末，千萬不可本末倒置，因爲主管過度的強調管理的技術性、技巧性或實用性，將會失去對事物的整體性、原則性、系統性的觀照，因而造成事倍功半的結果。

## 管理自我 vs. 管理他人

在管理的工作上，涉及管理者自己以及被管理的他人，因此在管理的技能上有需要做這樣的區分。長期以來，管理與領導的理論和實務有個盲點，以爲管理與領導的重點，就是如何透過管理或領導「他人」以達到組織目標。對於這樣的盲點，本書提出了精闢的見解，而將內容區分成二大類別、五大部分，第一個類別就是屬於自我管理或自我領導技能的學習，這包括了本書的前二部分（培養領導人心態以及自我管理），而第二類別就是管理或領導他人，這包含了本書的後三部分（管理個人、團隊以及企業），很顯然地，本書作爲成功經理人的手冊而言，是具備完整性和系統性的。

## 成為好主管的心法要點

成爲好主管的根本之道，在於培養領導人的心態，所謂培養領導人的心態就是指，如何正確地理解主管 vs. 非主管、領導 vs. 追隨、優異領導 vs. 拙劣領導的差別，身爲領導人必須了解他負有培育部屬和發展接班人的核心任務，主管和非主管不同，他不再只是爲自己負責而已，而是要爲整個部門甚至整個組織負責，因此「接班領導力」通常是一位領導人最欠缺但最需要培養的心態和能力，因爲那涉及組織的永續經營，一個公司若缺乏質量並重的接班人，要永續經營是困難的。

成爲好主管也必須做好自我管理，而自我管理最核心的要訣就是「成爲有影響力的人」，影響力（influence）與權力（power）不同，權力的來源主要來自於組織的頭銜或職位，例如主管可以命令部屬執行任務、編列和批准預算等，而影響力的來源主要來自於個人的專業或人格魅力，通常與是否有組織頭銜無關，當你是某個領域的專家，即便你不是主管，仍然能夠讓他人願意聽從或追隨你，而發揮影響他人、達成組織目標的目的。而領袖人格魅力則是指個人擁有某些能夠讓追隨者願意發自內心而自動自發跟隨，並使追隨者做出崇高貢獻的領袖特質，例如既聰明又謙虛、既剛毅又體貼等。成爲好主管固然需要組織賦予的權力來達成任務，更需要培養影響力，即使你不再擔任主管，它仍然能讓你在組織中保有舉足輕重的地位。

隨著在組織中職位的升遷，主管依序要進行個人、團隊和企業的不同範圍的管理。首先，在管理個人上，一位好的主管需要給部屬「提供有效回饋意見」，無論在日常工作上、會議上、任務檢討上或績效管理上，有些主管可能疏於提供部屬回饋意見，而有些主管或許會提供部屬回饋意見，但是這些回饋意見是否「有效」，那又是另外一回事。提供部屬有效回饋意見是「非財務獎酬」的一種類型，它可以讓部屬從有效回饋中肯定自我或持續改善，這些都能讓員工獲得內在的工作滿足感。

在管理團隊上，「培養創意」是重要但卻又相對不易學習的一種技能。創意往往需要透過團隊成員的知識、技術、能力和經驗互相激盪才能擦出火花，一位好的主管需要善用「腦力激盪」的工具和手法，有計畫的設計「創意會議」，用開放的心態聽取每一位團隊成員的想法，讓部屬都能安心地「承擔風險」，使團隊的創意能源源不斷。

在管理企業上，經理人開始要進行組織的策略管理和變革管理，當主管在日常的管理活動中採取策略的心態，就愈能從更高的層面和不同角度，看待自己和所有組織成員的工作任務和職涯發展，因此策略管理不僅是討論領導人要如何為公司找出獨特的競爭優勢，策略管理常常被領導人忽略的是有關人力資源管理的面向，那就是身為主管要如何「讓員工的工作有意義」，如果高階主管能激發員工的認同感與承諾感，感覺工作有意義的員工，會讓公司成為受人尊敬的公司。

## 進階的學習

無論對於初任或有豐富經驗的經理人而言，本書都是一本極具參考價值的書，它不但有理論基礎，同時有更多的實務運用的範例和工具可供參考。由於管理和領導的領域非常廣泛，一本書要含概所有的內容，要面面俱全幾乎是不可能，因此，個人在此提供兩個相對重要，但不在本書討論的範圍的觀點供讀者參考，這或許可以提供讀者在閱讀本書時可以有不同視角的互補觀點。

## 領導人 vs. 追隨者

傳統上，談管理或領導議題上，把領導人視爲組織中關鍵的角色，而幾乎忽略追隨者的角色，事實上「若沒有追隨者的追隨，則無所謂的領導人。」換句話說，主管能夠成爲成功的經理人，不只是靠主管自己的領導力而已，還需要高度依賴追隨者的追隨力，當部屬的追隨力愈強，或者部屬的追隨風格與主管領導風格愈契合的話，主管的整體績效就愈好，因此，如果要成爲成功經理人，需要把部分焦點和心力放在追隨者身上。如果從這個角度來看，本書在追隨者的議題上是相對欠缺的，因此個人提醒讀者，可以延伸或進階學習有關追隨者的追隨風格或追隨能力等相關議題。

## 理想領導行為 vs. 權變領導行為

領導理論的歷史發展大致上分成三個階段，第一階段是屬於特質學派，第二階段是屬於行爲學派，第三階段則是屬於權變學派。特質學派的領導理論，強調優質的領導人通常需要具備某些特質，例如他是果斷的，有自信的，具有同理心的、正直的、眞誠的、有高成就動機的、外向的、理性的等特質。而行爲學派的領導理論，則是聚焦在探討高效能的領導人會展現出哪些行爲，例如俄亥俄州立大學領導模型指出，一位高效能的領導人會同時展現高「任務導向」，以及高「人際關懷關係導向」的行爲，展現這類領導風格的領導人，他們的部屬會有較好的工作績效、較低的抱怨率和較低的離職率。行爲學派的基本假設和觀點，是主張領導人的領導風格，通常是穩定而不會改變的。第三階段，也是最晚近的領導理論，稱爲權變式領導，這種領導理論的基本觀點是，領導並沒有固定或特別有效的風格或行爲，最有效的領導方式，必須依據不同的情境，而調整自己的領導風格，這些情境例如部屬的成熟度（即能力與動機的強弱）、主管與部屬關係的好壞、主管職權的大小、部屬工作任務的明確性等。反之，如果主管面對各種不同的情境，都只使用自己擅長的領導風格的話，通常個人和部屬都不會有比較好的績效表現。

本書的基本觀點，似乎是從行爲學派而不是權變學派的領導理論觀點出發，因此，個人也提醒讀者在閱讀本書時，要從不同理論的基本假設去理解，如果從行爲學派的理論觀點來看，本書提出成功經理人應有的 17 項心法，是具有很高參考價值的，但如果從權變學派的理論觀點而言，這些高效能的 17 項心法，有可能在某些情境上是不太適用的。

請善用

運用不同的理論假設去

理解

# 前言

你很可能是因爲個人過去的成功，而成爲經理人。你的工作做得很好、準時完成，還培養出讓自己表現傑出的技術和專業。現在，你被要求扮演更重要的角色了。

身爲經理人，你會以不同的方式衡量成功；你會從你團隊的成就，而不是你個人的成就，來衡量自己是否成功。這需要一套不一樣的技能組合。當你成爲經理人，技術專長還是很重要，但你的責任不再局限在這裡。你的工作，是透過其他人的創意、專業知識，以及活力，來獲得成果的。舉例來說，你能晉升到地區銷售經理職位，或許是因爲銷售技巧，但能否成爲成功的經理人，會取決於下列這些能力：在你的組織中獲得影響力、管理你團隊的情緒文化、招募和留用優秀人才、激勵和發展你團隊中每位成員的潛力、策略性思考、做出正確決定、啓發和促進創意與創新等各項能力。

不論你是新手主管，還是經驗豐富的資深主管，《哈佛教你精修管理力》都能幫你學到所有高效能經理人必須精熟的基本技能。如果你有旺盛的企圖心，想變得更有效率、更有效能，也更能鼓舞人心，這本書正是爲你而寫的。或許你已經是經理人了，但也想成爲領導人：讓你的員工發揮個人所長，並在你的公司推動變革。這本《哈佛教你精修管理力》會告訴你如何辦到。

## 你會在《哈佛教你精修管理力》學到什麼？

如果想成爲高效能經理人，以及強大的領導人，你需要解決每天的實際問題。你需要審核流程、草擬預算，以及分派任務。這個工作也是深度個人化的。不論是指導員工，還是跟上司談判，想做好工作，便需要你發揮同理心、復原力，以及強調工作的目的。要獲得成功，你必須在內心省思，並且投資個人成長，來改善與強化你實際技能的發展。

《哈佛教你精修管理力》以簡便的重點提示、循序漸進的指南，以及簡要說明，來幫助讀者了解成功做好每日例行工作、持續發展的重要概念。本書引用《哈佛商業評論》作者群的專業，分享經典文章、新興構想與研究的最佳實務及基礎概念。你會讀到經理人的眞實故事，學到運用可自行操作的評估量表和範本，把作者的見解應用在自己的工作上。每一章的最後，都總結關鍵重點和行動項目，讓你可以把章節中的想法，直接迅速付諸實行。

本書依序分爲五大部分，一開始先討論你的新角色，以及成爲有效領導人需要發展的技能和思維心態。接下來，本書會探討如何管理個人，如何管理你整個團隊。最終，最後一個部分涵蓋協助你管理企業的硬技能。全書共 17

章，每一章討論一項基本技能。

在第一部「培養領導人心態」中，你會學習到優良管理、領導力的基本構成要素。第 1 章〈接班領導力〉引領你逐步完成日常職責的轉變，以及從個人貢獻者的角色，轉變爲管理階層之後，必須具備更廣大視野的變化。在第 2 章〈建立信任感和可信度〉中，你會學到爲什麼信任對你的成功極爲重要，以及如何從上任第一天開始，便建立起團隊對你的信賴。這些關係大多取決於你能否認知和管理自己和其他人的情緒，這是第 3 章〈情緒智慧〉會探討到的技巧。第 4 章〈成功的自我定位〉，讓你準備好參與推動公司的策略使命，了解它如何影響個人的績效。這四章對你擔任經理人的工作來說，是非常重要的，而且，在你擔任領導人的整個歷程中，將會持續運用這些想法。

接下來四個章節呈現四個領域，你必須在這四個領域裡表現優異，才能有效進行管理工作。在第二部「自我管理」中，身爲組織中逐漸崛起的領導人，你會持續發展良好個人績效需要的重要技能。在第 5 章〈成爲有影響力的人〉，你會學到如何以審愼的方式，讓自己在組織中獲得他人信任，也能發揮影響力。第 6 章〈有效溝通〉提出如何維持溝通對象的注意力，不論是書面溝通或當面溝通，都能讓你有效表達意見。在第 7 章〈個人生產力〉中，你會學到如何充分利用自己的時間，並預防混亂（和壓力）發生。在第 8 章〈自我發展〉中，你會對自己的專業目標，以及如何掌握前途發展，採取更長遠的觀點。

第三部「管理個人」聚焦在經理人的主要職責之一：促使每位直屬部屬創造最佳績效。第 9 章〈自信授權〉說明如何分派工作，要求員工對他們的任務負責。提供回饋意見是問責制度（accountability）的一項關鍵策略，第 10 章〈提供有效回饋意見〉描述績效評估、指導、非正式即時回饋意見的最佳實務。在第 11 章〈培養人才〉中，你把這些互動融會貫通，成為更正式的策略，協助員工的個人成長。

第四部「管理團隊」跨越你跟員工一對一的關係，檢視如何組織和支持他們共同完成的工作。在第 12 章〈領導團隊〉中，你會學到如何培養有凝聚力和生產力的團隊文化。第13章〈培養創意〉展示如何主持有生產力的會議，跟團隊一起激發創意，以及如何打造有助於讓新構想蓬勃發展的創意環境。第 14 章〈招募和留住最佳人才〉說明如何雇用到合適員工，讓他們持續投入工作，以建立你自己的團隊。

在本書的最後一個部分，我們會轉向「管理企業」。在這裡，你會深入探索衡量、提升團隊在組織內績效所需的硬技能，首先是第 15 章〈策略入門課〉的策略規畫、執行和思考。第 16 章〈掌握財務工具〉概述基本的財務概念，深入探討三大重要財務報表，能幫你衡量組織整體健康，協助你做出關鍵決定。在第17章〈打造提案說明書〉

中，你會結合硬技能和軟技能，在公司裡有效推銷新構想。

最後，「延伸閱讀」這個部分，列出與每章主題相關的文章和資料。如果你想更了解某項特定主題，請從這些延伸閱讀著手；其中包括書籍、文章和影像的資源，都可在 www.hbrtaiwan.com 上取得。

培養領導、未來潛力領導者

的工具書

第一部

# 培養領導人心態

# Develop a Leader Mindset

當上主管之後，
你的管理與領導能力也跟上了嗎？

## 第 1 章　接班領導力

The Transition to Leadership

## 第 2 章　建立信任感和可信度

Building Trust and Credibility

## 第 3 章　情緒智慧

Emotional Intelligence

## 第 4 章　成功的自我定位

Positioning Yourself for Success

Management

# M

從你成爲經理人開始，
改變的不僅是職稱，
以及每日例行的職責。
你不再只是「個人貢獻者」，
而是「管理階層」，
你的想法、你的視野，
都必須有更宏觀的格局。

第 1 章

# 接班領導力

HBR

The Transition to Leadership

當你成爲經理人，不只是你的頭銜和職責會改變。你的工作理念和身分，也會隨之改變。身爲個人貢獻者，你聚焦在自己對團隊的貢獻。成爲領導人，你也必須審愼掌控複雜、全新的權力活動，幫助他人發揮專長、盡其所能。

在你的專業生活中，這趟旅程將會是你體驗到的最重要旅程之一，也是一次充滿挑戰、令人興奮的機會。管理工作跟你過去完成的事情截然不同，目前讓你成功的因素，並不一定會幫助你持續發展。如果想脫穎而出，就必須了解自己既是經理人也是領導人新角色的本質，而且，準備好應付伴隨這段迅速成長期可能出現的變化和壓力。

## 了解身為經理人的角色

從最基本的層面來看，身爲經理人的角色，是爲你的團隊設定方向、協調資源，以達成組織的目標。針對這項工作的哪些層面最重要，你的上司和直屬部屬，會有不同的期望。你的主管可能會強調規畫和資源管理、支持公司目標、管理風險，以及負起你單位的最終責任。你的員工可能會有不一樣的看法：他們仰賴你來擬定和指導團隊的策略目標，在他們完成任務、解決問題、果斷回答問題時加以支持，並幫助他們的長期成長。

至於你自己的期望，這些年來，你觀察過其他經理人，也被他們管理過。一路走來，針對如何把管理這件事做對，你可能已學習到許多想法；對錯誤做法的概況，也有特定的想法。但身為個人貢獻者，你只觀察到上司生活的一小部分。他如何思考自己的角色，以及他和同儕、主管、公司外部聯繫人的互動方式，你其實無法了解的一清二楚。所以，當你自己體驗這些事情時，可能需要克服兩種常見的誤解。

## 員工 vs. 任務

當你是個人貢獻者，成功意味完成特定任務，例如：進行電話行銷，或是設計產品原型。你很自然會假設，成為新的經理人之後，會繼續使用這些相同的技能。但你現在的工作，是協助直屬部屬獨力執行這些活動。你指導做電話行銷的銷售人員，或是幫正在設計產品原型的設計師取得資源。你的目標已從「執行任務」轉變成「培養和指導員工」。

這樣的轉變，感覺上可能違反直覺。你曾在團隊中締造過最佳銷售紀錄，現在，你卻要看著一個較沒有經驗的人，設法說服你的老客戶。你必須抗拒衝動，不要向那個人展現自己過去是如何辦到的；你自己的精熟技巧並不是重點。相反地，你必須幫助其他人茁壯成長，發展他們自己的能力，重新把你自己的成功，定義為包括你團隊成員的成功。

## 個人影響力 vs. 職位權力

新上任的經理人，也常預期頭銜會讓他們更容易推行自己的想法，結果卻驚訝地發現，情況正好相反。理論上，經理人擁有正式權力，得以做決定、分配資源和指導員工。而事實上，員工不會只因爲你交代他們，就乖乖去做某件事，而且，當然也不會因此把事情做好。雖然你可以使用職權來強制他們遵守，但在這些情況下，你的團隊成員並不會完全投入，或是交出他們的最佳工作成果。你也不會從他們觀點的價值中獲益。

擔任掌權的職位，就表示對直屬部屬的需求，以及組織的要求，必須更迅速、更直接地回應。你不能單只是跟團隊宣布新的專業發展計畫；你也要說服他們認眞看待這件事。你不能光只是爲部門決定預算；你還需要說服高階主管團隊分配那些預算經費給你。

相較之下，你運用影響力時，你的員工會採取行動的原因，是他們發現你這個人有說服力：不論那是源於你的性格、能力、話語，或是行爲。你並不是強迫他們做某件事。他們選擇做這件事，是因爲你有效領導他們。這份意願，會產生很大的影響力。這代表他們更有可能盡力表現，而你也更有可能達成更高水準的團隊績效。

爲了做到這一點，你必須以直屬部屬目前能接受與了解的方式跟他們溝通，跟他們既存的動機連結。接下來，你的行為會創造一股源源不絕的信任，讓你能影響員工的行為、態度和價值觀。這才是你真正的力量所在：不是在你的工作職位說明裡，而是在關係當中，在平常辦公室動態和政治的彼此互動之中。我們會在第 2 章〈建立信任感和可信度〉及第 5 章〈成為有影響力的人〉當中，進一步討論這項議題。

## 管理和領導的差異

我們已使用「領導人」和「經理人」這兩個詞，但兩者有什麼差異？自從 1977 年，哈佛商學院教授亞伯拉罕·索茲尼克（Abraham Zaleznik）在《哈佛商業評論》發表一篇〈經理人 vs. 領導人〉（Managers and Leaders: Are They Different?）的文章之後，這個主題一直備受爭議。這篇文章在眾家商學院引起軒然大波。文章認為，科學管理的理論家，投注心力在他們的組織圖、時間與動作研究上，卻只是一知半解；他們忽略了拼圖的另一半充滿啟發、願景，以及混亂人性。索茲尼克認為，這另一半的拼圖，其實正好是領導力的重點。

就像哈佛商學院教授約翰·科特（John Kotter）後來主張的，「管理」跟回應複雜性有關。為了完成工作，經理人必須聚焦在控制和可預測性，而且必須要安排流程，以產生井然有序的結果。規畫、編列預算、配置人員，都是管理活動。舉例來說，當你擬定任務分配，或是討論如何讓生產線達到最佳化，就是戴著經理人的帽子。

相較之下，科特解釋說，「領導」跟產生和回應變化有關。領導人管理天性的另一面，會讓他們很想馴服不確定性，而在這些不確定當中，他們看到機會，他們強調的是想法，而不是過程。設定方向、團結員工、提供鼓勵，都是領導活動。當你指導一位明星員工，或是決定停止無法發揮作用的生產優化流程，就是領導力。

科特認爲，管理和領導是存在的互補模式，彼此不需相互衝突。目前充滿挑戰的商業環境中，最成功的經理人會審慎挑選、充分運用管理和領導能力，以讓組織受益。在本書中，我們會適當交互使用這些詞語，對技術和管理方面的主題會偏好用「經理人」，至於牽涉到願景、策略和激勵等議題，會使用「領導人」。

你何時及如何轉變成主管，雖然是由公司決定的，領導機會卻可能隨時出現在你的職涯中。因爲領導力並不一定需要正式的權力，而需要一系列的知識，以及人際互動的技能。

## 領導力解密

雖然管理和領導在實務中密切相關、難以切割，但一直以來，我們都把領導力的概念，放在更高的層次上。我們常認爲領導需要一套先天的特質：聰明、自信、遠見、口才，以及勇氣、魅力、果斷的神祕混合物。那些擁有全部這些特質的人，被視爲是「天生的領導人」。但隨著科學揭露人類大腦的可塑性，我們不再把這些特質視爲天生或固定不變。相反地，我們把領導力視爲一套可學習的技能組合、假以時日便能培養的能力。換句話說：就因爲你沒當過畢聯會主席，並不代表你永遠不會成爲領導人。

這也代表你整合領導能力與性格的方式，是取決於你的潛在性格傾向，它跟你的同儕是不一樣的。舉例來說，如果你比較內向，在書寫上可能就會比隨性談話更有說服力。不過，我們過去常拿來指稱「優秀領導人」的標記，其實與眞實狀況毫無相關，也可能是不正確的。例如：

- 領導人不只在高階主管辦公室裡工作。領導人無處不在，每個階層都有。
- 沒有人會「看起來」像領導人。你的性別、種族、年齡、身高等因素，完全不重要。
- 外向的人不見得比內向的人，是更有效能的領導人。
- 領導人對於自己的判斷，並不總是極端自信。你可以改變自己的想法，體驗到不確定性。
- 領導人不只會說話，也一樣會傾聽。

現在，你已擁有強大領導人的某些特徵。不要用「我是領導人嗎？」這個問題，來加重自己的負擔，你應該要督促自己辨識與確認這些能力，並善加利用。使用「常見的領導力特質」中的列表，評估你的哪一項領導力特質，

## 常見的領導力特質

### 知識方面

- **掌握情況**。你是否非常了解你的產業、企業和優先事項？
- **聚焦未來**。你是否依據長期優先事項來安排短期任務？
- **果斷**。即使無法取得所有事實，你是否會做出決定？你能做出困難的取捨嗎？
- **自在面對不確定性**。你可否在不確定的環境中，只依賴少數幾個可靠的指標來運作？你對變化是否順應良好？

### 社會情緒方面

- **自我覺察**。你會留意到自己的行爲如何影響他人嗎？
- **投入**。你是否對別人的需求、顧慮和目標感同身受？
- **穩定**。你是否維持正面、專注的觀點，並在一片混亂中持續領導？
- **值得信賴**。你的行爲是否符合價值觀？你是否信守承諾？

**組織方面**

- **協作**。你是否經常與上司、同儕和團隊成員合作順利，交出卓越的集體成果？
- **具影響力**。你是否仔細聆聽，找到共同點，並清楚表達自己，以說服他人，推動影響組織中的成果？
- **政治敏銳度**。你了解你組織的權力結構嗎？你是否了解關鍵成員如何思考？你知道在哪裡可以尋求支持和資源嗎？
- **激勵人心**。你會挑戰現狀嗎？你是否說服他人設定高標準和挑戰性目標？

頭銜讓你成爲經理人，但你是否也會成爲領導人，就要取決於自己了。哈佛商學院前教授羅伯．克布倫（Robert Steven Kaplan）解釋說：領導力「是你需要持續努力的一件事，而不是存在狀態或目的地。」培養這些特質，是一項持續的修練。

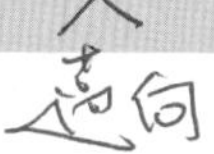

在你的組織文化中最有價值。然後，想想身爲領導人的自我形象，你想要他人如何看待你。這會幫助你確認可發揮哪些優點，還有在你的新職位和職業生涯中，哪兒有機會改善自己。

## 處理轉變的情緒挑戰

當你展開經理人的工作，會體驗到各式各樣的情緒，包括興奮、自傲、焦慮和孤獨等強烈感受。有時，可能會感覺像是受到情緒的鞭打。我們來檢視下列兩個例子：

- 某位新上任的分公司經理，跟哈佛商學院教授琳達．希爾（Linda Hill）描述這種感覺：「你知道完全失控時，要當上司有多難嗎？就像是你有了小孩時的感覺……忽然間，你當了媽媽或爸爸，就應該知道照顧孩子的所有大小事情。」要處理這類嚴峻的轉變，可能會相當困難。
- 管理顧問凱羅．沃克（Carol Walker）描述某位「聰明、深思熟慮、有前瞻性思維、足智多謀」的前客戶；他承認，自己在新管理職位上待了六個月之後，還是完全不勝負荷。「他開始懷疑自己的能力，」沃克寫道：「他看起來，就像夜裡汽車頭燈照到的一隻野鹿那樣，完全不知所措。」

如果你身爲個人貢獻者時屢創佳績，這種急著求表現的焦慮可能會特別令人不安。自我懷疑在新的情況下出乎意料地出現，過去的應對機制可能就不再適用。

不過，會有這些感覺完全是正常的，隨著你的技能和信心日益增長，焦慮便會自然消退。同時，你可以透過辨識情緒及它的來源，來處理當前的情況，至於長遠來說，則是透過照顧好自己的健康，以及達成工作與生活的平衡。

## 第 1 步：清楚標示你的情緒

首先，清楚標示你的感受。光只是把情緒賦予名稱的行爲，像是「我現在覺得焦慮」，就可以幫你緩和自己的反應。以下是一些常見的例子：

- **表現焦慮**。「我擔心自己不會做這份工作。」
- **後悔**。「我當時爲什麼要接受這份工作？」
- **挫折**。「我一直犯錯。」或是「事情一直出錯。」
- **謙卑**。「我以爲自己做好準備，可以執行這份工作了。」
- **失落**。「我懷念自己在上一份工作裡的身分、同事情誼，以及勝任感。」
- **混亂**。「在這裡，我不再確定自己能融入哪裡。」

## 第 2 步：找到來源和解決方案

一旦你了解自己感受到什麼，就應考慮這份感受來自哪裡。你壓力的原因是什麼？你的答案，可幫你找到應對或減輕問題的新方法。對新上任和還在學習的經理人來說，有四種常見的壓力來源：角色壓力、解決問題的疲勞、孤立和冒牌者症候群（imposter syndrome 編按：這是指認爲自己是冒牌者，成功只是因爲機運）。每種壓力都有各自的症狀，以及具體的解決方案（見邊欄：「四種壓力源」）。

## 照顧自己

所有這些應對機制，都是你可以用來處理情緒壓力出現時的策略。不過，在理想情況下，你不必等到危機發生時才採取行動。在轉變過程中，你可以採取哪些預防措施，讓自己維持平衡？我們會在第 7 章〈個人生產力〉裡，更深入探討工作與生活長期平衡的問題，但當你承擔新角色的壓力時，聚焦在預防上，就顯得特別重要：

- **不要忽視個人生活**。切斷自己跟支持網絡的連結，會引發造成損害的回饋迴路，導致情緒壓力與差勁績效彼此強化的惡性循環。朋友和家人可傾聽你正在經歷的事情，把你與生活中的其他層面，還有你自己，重新連結起來，這會讓你感覺良好。
- **保護你的休息時間**。壓力會造成心理上和身體上的傷害：你的大腦需要休息，身體同樣也需要休息。偶爾讓自己休息一天，甚至是半天的時間，從事任何最能讓你恢復活力的活動。
- **照顧你的健康**。不要省略任何一餐，而且要挪出時間規律運動。最重要的是，要試著有充足的睡眠。

# 四種壓力源

## 角色壓力

你在職位上面臨衝突、不確定性，以及負擔過重。

### 症狀

- 你有太多工作，但時間、資訊和資源太少，就像邊欄「心聲：努力為重要工作挪出時間」例子中的菜鳥經理人一樣。
- 你的職責互相衝突，比方說，既要增加營收，又要降低成本。
- 你回應太多人的需求：直屬部屬、同儕、主管和顧客，各有不同的需求，讓你無所適從。

### 解決方案

- 在一天中安排固定的安靜時段，讓工作不受打擾。選擇你能獲得良好進展的任務，保護這段時間免於中斷。
- 承認你的不足之處。你不可能成為所有事情的專家，所以要找到可以信賴的人，交辦你做不到的事情。

- 接受不完美。你無法滿足別人對你的所有要求。運用你的最佳判斷力，視需要談判優先事項，而且在事後要順應變化。

## 解決問題的疲勞

爲其他人解決困難問題，讓你感受到壓力。

### 症狀

- 直屬部屬帶給你的問題，讓你感到不勝負荷。
- 讓你非常擔憂的是，員工不符合你還是個人貢獻者時，對自己的要求標準。
- 管理會引起你憤怒、恐懼、焦慮、挫折的問題員工。

### 解決方案

- 針對你會處理哪些類型的問題畫出界限。
- 指導直屬部屬如何自行解決更多問題。例如，請員工把問題可能解決方案的摘要，以及接下來如何處理的建議，以電郵寄給你。
- 抗拒衝動，不要把帶著顧慮來找你的所有員工，都歸類爲問題員工。培養一種身體提示，讓自己在人際互動遭遇困難時，可以安頓身心。

## 孤立

你為過去工作生活不再復返表示哀悼，並逐漸順應辦公室新的社交距離。

### 症狀

- 沒有一個明確團體，讓你可以認同價值觀和規範，就像在「心聲：尋找知己」中的孤獨經理人一樣。
- 你必須做出不受歡迎的決定，而人們的反應是不信任和怨恨。
- 因為之前的同儕現在是你的部屬，你不再隨意、不拘禮節地與他們接觸往來。

### 解決方案

- 尋求組織中其他人的支持和陪伴，特別是並非你部屬的老同事。例如，約同事一起午餐，或許，就是另一位跟你同時晉升的經理人。
- 培養跟你團隊進行社交接觸的新慣例。每天早上剛進辦公室時，詢問不同成員的現況，或是在辦公室定期舉辦全員參加的週間下午茶。

## 冒牌者症候群

你總是覺得自己能力不足，在他人面前努力隱瞞這件事實。

**症狀**

- 害怕犯錯或承認錯誤，因為你認為展現弱點，會減少自己的權力。
- 擔心自己不是一個好榜樣，因為每個人都可以看出你有多大壓力。
- 害怕直屬部屬的失敗，會反映在你身上。
- 對於擁有影響別人生命的龐大力量，感到不自在。

長期睡眠不足會損害思考，也會讓你發生許多醫療問題，從心臟病到憂鬱症爆發的風險提高。

- **以正確觀點看待工作**。當工作感覺似乎失控，靜下心來問自己：「對我來說，最重要的是什麼？生活裡真正重要的是什麼？」沒有任何事物值得你犧牲自己的健全心智、身體健康，或是家人和朋友。對你生活中的那些部分妥協，並不能解決你的問題；

**解決方案**

- **展現某些弱點**。公開分享你知道的事情，但也分享哪些地方需要更多資訊。向那些可提供協助的人尋求幫助。提供幫助作爲回報。
- **承認自己的錯誤**。誠實並不是弱點：它讓你更平易近人，也更能信任。
- **聚焦在行爲上**。不要過度執著在焦慮的感受上，你應該擬定具體的行動，讓你在面對壓力情況時有控制感。例如，計畫好下一次你感到不勝負荷時會說什麼，這麼一來，無論你屆時有多麼慌亂或煩惱，都可以優雅地採取自主行動，或是順利脫離困境，重新恢復自我。

這麼做只會讓你更容易受到重大崩潰的傷害。

所有新上任的經理人，都努力應對隨著他們新職責而來的感受，而眞相是這份努力其實並不會眞正消失。即使經驗豐富的經理人，也會面臨角色壓力和冒牌者症候群等問題，尤其當公事或家事讓他們承受額外壓力時。所以，重要的是要學會辨識這些壓力，在發展出自己的壓力管理策略時，善待自己。

## 心聲：努力爲重要工作挪出時間

我最近跟一位年輕的經理人合作，他相當習慣應付源源不絕的問題，不怎麼願意空出時間，來處理我們確認好的策略計畫。當我進一步探問時，他透露說，覺得自己角色的一個關鍵部分，是等待危機出現。「如果我安排好時段，緊急狀況卻忽然出現，結果我讓人失望怎麼辦？」他問。我指出，如果眞的出現緊急情況，永遠可以延後策略會議，他聽了之後似乎鬆了一口氣。

資料來源：凱羅·沃克（Carol A. Walker），〈搶救菜鳥經理〉（“Saving Your Rookie Managers from Themselves,” *HBR*, April 2002）。

## 掌握一生僅此一次的轉變

你擔任新角色的頭 6 到 12 個月，會有一連串的全新體驗。隨著擔任經理人和領導人的過程中迅速成長，你會發現自己正從事從未想過會做的工作。某些事項平凡無奇，像是幫某位員工找到更好的辦公桌，離冷氣通風口遠一些；其他事項則因爲事關重大而令人振奮或恐懼，比方說，爲研發部門推銷新方向、支持同事度過健康危機，或是當暴風雨來襲時，跟你的團隊全力以赴，維持倉庫正常運作。無論高潮或低潮，這樣的轉變，在你的生命裡只會經歷一次，但領導的旅程，會在你整個職業生涯持續下去。

## 重點提示

- 身爲經理人的角色，是爲你的團隊設定方向和協調資源，以達成組織目標。身爲經理人應該完成什麼工作，你的員工和上司可能有不同期望。
- 當你從個人貢獻者變成經理人，工作的本質會隨之變化：從執行任務變成培養和指導員工。
- 當你順應這種新的工作方式，不要過度依賴自己的職位權力，來迫使直屬部屬採取行動。相反地，你應該要著重在發展個人影響力。
- 管理和領導是不一樣、但彼此相輔相成的做法。隨著你在這個角色上日益成長，會努力在組織中扮演既是經理人也是領導人。
- 領導力是一套可學習的技能組合，但並沒有單一範本，雖然有某些常用技能，是你可以學習的。培養你的領導能力，可能會是一輩子的旅程，但你可以在職業生涯的任何時候，展現自己的領導才能。

## 心聲：尋找知己

我認識的這個人，他是英國工業界某些檯面人物的私人顧問兼傾吐心事的對象，我曾被他的見識深深吸引。他身爲一家企業情報公司總監，了解執行長和資深董事的擔憂和顧慮，這些人通常是年過 55 歲的男性。雖然他談到這件事時非常謹慎，但還是提到這些權力強大的人，無論行業或背景爲何，都有個共通點：位居組織高層的孤獨感。

我總是覺得好奇，他如何讓這些高階主管公開心裡的這些孤獨感受。他的回答相當不尋常：他說，他們辦公桌上的主要照片，通常展示的不是他們的妻子或孩子，而是寵物狗：這是「他們能眞正訴說所有事情的唯一對象。」

資料來源：吉爾・柯金岱（Gill Corkindale），〈身為領導人，你有多投入？〉（“How Engaged a Leader Are You?” *HBR*.org, March 17, 2008）。

## 行動項目

- ❑ 透過探索「常見的領導力特質」中的問題，了解你在領導路徑上的位置。
- ❑ 省思你在管理角色上體驗到的情緒。這些情緒的來源可能是什麼？使用附表中的可能解決方案，找出管理你回應的方式。
- ❑ 考慮為你的運動、家庭用餐時間和睡眠，建立起日常慣例。如果你目前還沒有培養健康習慣，就應開始實驗更好的方法來照顧好自己。如果你已經有健康的習慣，在你擔負起新角色的同時，強化自己繼續維持那些習慣的意圖。

Management

M

部屬對你是否信任，

會是你擔任主管是否成功的關鍵要素。

你必須從上任第一天開始，

便建立起團隊對你的信賴。

爲此，你必須

建立價值觀、展現能力、

培養眞誠領導力、表現道德與誠信。

第 2 章

# 建立信任感和可信度

H B R

Building Trust and Credibility

身爲經理人和領導人，你的首要任務之一，就是獲得自己團隊的信任。不過，你的員工並不會自動給你這份信任。身爲經理人的你，對他們如何工作和展開專業生活的影響深遠。在你就任之後，他們會有下列這些疑問：你能否把他們的工作成果，清楚、完整地呈現給單位以外的人？當他們不同意你的意見，公開說出來是否安全？當他們跟你說他們犯了錯，你會如何反應？當面臨困難決定，你會依據哪些價值觀採取行動？你會成爲盟友和擁護者嗎？

在你晉升之後，要管理之前的同儕時，獲得信任這件事，可能是一項特別敏感且棘手的任務。你需要樹立權威和可信度，同時不要疏遠那些曾跟你擁有同樣頭銜的人，甚至是可能曾爭取同個職位的人，以及你現在需要他們效忠的人。見邊欄：「管理錦囊：如何管理你的前同事」。

哈佛商學院教授琳達．希爾，以及高階主管個人教練肯特．萊恩貝克（Kent Lineback），把「信任」定義爲下面這兩大要素的組合：性格（character）和能力（competence）。性格跟你的意圖如何與行動調和一致有關，而能力是指你爲這份工作帶來的技術、運作、政治方面的知識。你的員工會根據你的一言一行，迅速形成對你性格和能力的看法，而且，隨著他們對你日益增加的了解，會持續修改這些意見。

## 建立你的性格

你的「性格」跟價值觀息息相關：你是只爲了一己私利，還是公司利潤？你也眞正關心團隊嗎？如果你不關心團隊，希爾和萊恩貝克警告說，不論能力有多強，效能有多高，員工都不會信任你的性格。以下列方式展現你對團隊及團隊的工作的興趣：

### 努力維持一致性

維持一致的意思，是指你的行爲符合你坦承的價值觀。舉例來說，如果你跟團隊強調嚴謹和精準，也要仔細審查自己的資訊，並邀請團隊成員質疑你的結論。從上任第一天開始，就要對自己的承諾說到做到，遵循合乎道德的行爲模式，即使這表示做出不受歡迎的決定，比方說，重新分配某位廣受歡迎、但有利益衝突員工的工作。透過言行一致的行爲，你教導員工，他們可以直接詮釋你的行爲，不用擔心你眞正的意圖。

### 控制你的情緒

員工並不需要你當辦公室裡的一抹陽光，但他們的確需要知道，當你承受龐大壓力，不會情緒崩潰，或是以言詞攻擊他人。你應避免極度情緒化的表現，像是高興到言行輕浮和絕望。此外，你也應該在面對艱困情況時，表現

## 管理錦囊：如何管理你的前同事

如果你已晉升爲之前同事的上級主管，需要審慎以對。下列這些方法，讓你一開始就能順利進行。

- **讓人們知道這項轉變**。理想情況下，團隊會從其他人那裡知道你的晉升：可能是即將離任的上司，或是另一位主管。你要確保組織，已擬定計畫公布這件事，如果最後是由你自己來宣布這項消息，措詞時要謙虛。
- **不要立刻推動任何重大改變**。無論你的計畫有多完善，都要稍微延後一下。過於積極的改變，會看起來像是要否定你的前任主管，而且，你也不知道他們的支持者有什麼感受。不要一開始立刻就破壞這些關係。
- **跟你的團隊成員一對一會面**。不要讓員工假設你和他們的新關係會是什麼模樣；「展現」給他們看。花時間與每個人（一對一和小團體）

分享你的願景，徵求回饋意見。「我能做哪些事來支持你的成功？」會是很有效的開場白。

- **維持適當距離**。如果你繼續以自己過去習慣的方式與員工社交，就會讓界定你新角色的界線模糊不清，而且會受指控爲偏心。
- **跟你的競爭對手和好**。如果你跟同儕爭取這份工作，要承認他們遭受損失。不要表現的太過火，看起來會好像你正在幸災樂禍，你要把他們拉到一旁，說你看重他們的貢獻。如果可以的話，採取具體行動來支持你說的話，比方說，分派他們負責一項重要的任務。

資料來源：愛美．嘉露（Amy Gallo）《如何管理你的前同事》（"How to Manage Your Former Peers," *HBR*.org, December 2012）。

出對他人的同情。有關如何培養這種特質的更多資訊，見第 3 章〈情緒智慧〉中的「情緒穩定和自我控制」。

## 注意你的禮貌

尊重每一位員工。即時回覆電子郵件，準時開始和結束會議，展現你對員工的尊重。在走廊向同事問好；順手按著電梯門，保持開啓，方便人進出；在聽對方講話時保持眼神接觸；開會時不要一心多用忙其他事。另外，也要留意你自己透過更微妙肢體語言傳送的訊息。東北大學（Northeastern University）教授大衛·迪斯農（David DeSteno）的研究指出，當你雙手緊握、觸摸自己的臉、交叉手臂，或是談話時身體向後退時，人們可能會認爲你不值得信任。

## 提出問題

從一個問題當中，你可以得到許多收穫。問題蒐集資訊，但也「傳達」資訊：關於你是什麼樣的人、關心哪些事物，還有如何看待與你交談的對象。好的問題，可清楚表明你的知識和價值觀，而透過專注傾聽，可向人們展示自己有興趣知道他們是什麼樣的人、他們能做哪些事。當你剛認識一個團隊，不想讓他人覺得自己傲慢或心胸狹隘，這個手法特別有用。

## 徵求回饋意見

詢問員工的回饋意見，然後做些回應，展現你關心自己對別人的影響。這裡的重點，不只是成爲更好的經理人，還要清楚展現自我覺察力。每個人都有盲點，所以要表示出願意爲自己的盲點負責。

## 給別人表現的機會

在制定決策和解決問題的初期，便實際運用員工的知識，向他們證明，你眞心歡迎他們的回饋意見。認可讚賞個人的貢獻，不只是在你的辦公室裡，也在公司其餘員工面前。表明你希望他們的努力會讓他們直接受益，而且，可以信任你會管理他們良好的工作成果，不會試圖從中利用。請求團隊幫忙，並感謝他們的協助，這麼做可傳遞下列訊息：你不是只把他們視爲工具或苦力，用來獲得自己的勝利。

請留意，這些策略跟受人喜愛沒有任何關係。如果你的幽默感，和某位員工的幽默感不合拍，不會有什麼問題。重要的是，他們是否認爲你正直，你對他們和公司都抱持良善意圖，而且你能信守自己的承諾。

## 展現你的能力

員工在評估你的性格時，也在評估你的能力。在他們心中會產生下列問題：

- 你了解所屬單位執行的工作嗎？你知道組織如何完成這項工作嗎？
- 你知道如何獲得團隊成員成功所需的資源和曝光度嗎？
- 你是組織中有效的指導教練和人才培養者嗎？

在你的日常行為當中，你的員工也會尋找這些問題的答案。下列這些方法，有助於培養他們對你能力的信心：

### 開始新角色時，計畫迅速獲勝

到頭來，人們會根據工作成果來判斷你。因此，你要產出一些好結果，而且速度要快。在領導力轉型專家麥可．瓦金斯（Michael Watkins）針對任何新管理職位「開頭九十天」的經典研究中，建議挑選三到四項對你的團隊或上司來說事關重大、定義明確的簡單問題，以符合公司文化的方式解決它們。不要過度挑戰自己：五項任務失敗，會比四項任務成功看起來糟糕許多。

### 勇敢面對棘手議題，擊倒障礙

員工想要知道，你是否具備營運和政治的知識與技能，能為他們在組織中的工作，創造整體有利的條件。找出妨礙團隊進展的幾項障礙，像是你能否說服某位出了名難搞的高階主管，同意一項資源需求？你能否說服其他事業單位的主管，解散一項欠缺關注而賠錢的專案計畫？你如果能和這些團隊外部人士成功解決問題，團隊就會知道你可以完成任務。

## 研究你的想法

想建立可信任的立場，你要和組織內外的人交換意見。審閱文章和研究報告，然後在會議中、電梯裡，或是透過電子郵件，跟你的團隊討論這些構想。身為經理人，你會受到員工批評，說你不知道眞正發生了哪些事情，或是不關心第一線員工的經驗。你可以在上午時跟著送貨人員去工作，或是在工程師試圖解決一個小毛病時，坐在他們身邊觀察，透過這些方法來消除這類懷疑。向員工展現出你想親眼看到他們看到的事物，並讓大家知道你渴望學習和分享資訊。

## 解釋你的決定和行動

你要清楚了解驅動自己的動機和價值觀，並詳細規畫你的決策流程。不要擔心為你的行動提供過多正當理由；相反地，你要加強傳達自己的專業知識，以及對組織背景更廣泛的理解。當你第一次跟團隊接觸，正在尋找機會向每位成員介紹自己時，這些對話會特別有幫助。不過，你的解釋要緊密聚焦在目前的議題上，才不會變成毫無相關地討論自己每項成就，而偏離了主題。

### 對你知道和不知道的事情誠實相告

不知道卻假裝知道，永遠不會有好處。如果結果證明你錯了，最好的情況下，你會看起來很蠢，而最壞的情況下，你會帶給團隊其他人嚴重的問題。在你需要時，要求員工澄清問題，並多傾聽少說話。此外，也不要大肆宣揚你自己的專業知識。這麼做，會讓人覺得你缺乏安全感，你的部屬也會因此參與毫無助益的競爭。你應該公開讓他人發表看法，以擴展你自己的知識，展現出眞正的自信。

## 安排支援

目前，你的團隊可能還不信任你，那麼他們信任誰？找到在你的領域中，意見受大家重視的人，表明他們支持你。引用產業期刊等消息來源，得到公司裡某位大師的背書支持，或是聘請獨立專家。他們的可信度，會增強你自己的可信度，並顯示出你願意爲成功投入眞正的資源。如果他們的專長，正好是你承認並非自己強項的專長，他們的現身就會很有幫助。

### 要求他人測試你想法的優點

你或許知道，幫下列這種人工作，是什麼滋味：熱愛自己的想法、無法接受別人批評，或是過度與過快推銷自己的想法。你應該展現你歡迎新的意見，想完整測試自己的想法。

刻意努力獲得別人的信任，一開始可能會讓你覺得尷尬，甚至有爲了私利而操控他人之嫌。但你要記住，目標不是要說服人們相信你的虛假面貌；相反地，你是試圖向他們展現自己眞正的本質。同你會發現，這項工作值得投入時間和思考。

## 培養真誠領導力

「當你誠懇而眞誠，不是模仿另一個人時，人們便會信任你。」美敦力公司（Medtronic）前董事長、執行長，暨哈佛商學院教授比爾．喬治（Bill George）寫道。喬治與別人合著的書把「眞誠領導力」（authentic leadership）這個概念普及化，他們認爲最有效能的領導人，把他們的工作，變成深刻的個人努力。他們遵循熱情，依據自己的價值觀採取行動，而且跟他們組織的成員，建立有意義的開放關係，引發變化，成員因而愈來愈深信他們。這份信任源自於認識到權力面具背後那個眞實的人：他們公開展現自己的動機、價值觀和目標，所有人都能看到。這種眞誠性，是表現出強大性格的一項重要組成要素。

眞誠領導人透過嘗試錯誤（trial and error）來發展他們的個人風格。你可以參考下列方法，探索和發展自己的眞誠領導力：

## 從你的生命故事中學習

發現你自己的起源故事（origin story），會爲你的未來提供目的感和靈感。你的價值觀和目標來自於某個地方。把你現在的自我，與過去的經歷連結起來，會加深你的理解，知道自己爲什麼會以目前的方式看待世界，爲什麼會關心自己在意的這些事物。檢視你的人生經歷，學習清楚表達自己的故事，並隨心所欲地與他人分享。

## 了解你的外在和內在動機

外在動機是你尋求的外部成果，像是認可、地位和財富等。內在動機是自我內在的獎賞，例如個人成長，或幫助他人的滿足感。所有領導人都會承認，外在因素在他們的思考中，扮演了重要角色，但了解你的工作和內在意義感之間如何互動，也相當重要。一旦你確認這些動機，便能尋找培養那些動機的機會。

## 培養自我覺察

接受同事的回饋意見，坦白面對自己的缺點，可能會讓你覺得痛苦。你必須打開心胸接受別人的評斷；這些人包括你監督、合作和競爭的對象。你希望讓他們留下深刻的印象。如果不知道別人如何看待你，任何負面的資訊，不論有多微乎其微，都會對你造成傷害。你愈清楚別人對你的印象，就愈能消化處理批評。（你會在第 3 章〈情緒智慧〉中更了解自我覺察的力量。）

完成邊欄「自我培養成爲眞誠領導人」中的提示，開始思考如何在你的管理和領導上變得更加眞誠。

雖然眞誠領導力是一項値得付出努力的目標，但對這個概念過度簡化的理解，會讓你誤入歧途。歐洲工商管理學院（INSEAD）教授荷蜜妮亞．伊巴拉（Herminia Ibarra）表示，如果我們對自己已習慣的做事或生活方式過度堅持，就會失去以新的方式成長的機會。

伊巴拉解釋說，隨著你的職業生涯逐漸開展和面對新的體驗，需要保持自我感覺的彈性。想像你在一個重視指揮系統的組織中，努力晉升到高層。當你開始新工作的地方，是一個決策文化更強調協作和討論的組織，該怎麼辦？你會忠於自己的「眞誠」自我，繼續運用指揮與控制（command-and-control）的領導模式？還是會督促自己嘗試在新公司文化之下獲得成功，即使一開始這麼做，會讓你覺得虛假？

如果想成爲領導人，就必須在某種程度上，爲自己形

## 自我培養成爲眞誠領導人

眞誠領導力促使你省思自己的身分和生命目的。下列七個問題，可引導你完成這項練習。

1. **你生命初期的哪些人和哪些經歷，對你影響最大？**他們造成了什麼影響？
2. **你如何在每一天培養自我覺察？**哪些時刻，你會跟自己說「這是眞正的我」？
3. **你最相信的價值觀是什麼？**這些價值觀源自哪裡？從童年之後，你的價值觀有顯著改變嗎？你的價值觀如何影響你的行爲？
4. **哪些外在和內在的事物激勵你？**你如何平衡生活中的這些動機？
5. **你擁有哪種類型的支援網絡？**你的團隊如何局限你身爲領導人的發展？你應如何讓團隊多元

塑和創造一個「新」的身分。你要允許自己嘗試全新的工作方式和管理方式，即使這麼做會讓你覺得不自在。你並不是在假裝變成另一個人：相反地，新體驗其實正在改變你。最初感覺不自在的事物，最後可能成爲你個人成長的重大時刻。

化，以拓展你自己的觀點？

6. **你的生活是否整合一致？**你能否在自己生活的各個層面，不管是個人、工作、家庭和社區，都維持一致？如果不能，是什麼原因限制了你？
7. **在你的生命中，眞誠是什麼意思？**當你言行舉止眞誠時，你是否成爲更有效能的領導人？你是否曾爲自己的眞誠言行付出過代價，値得這麼做嗎？

資料來源：改編自比爾・喬治、彼得・席姆斯（Peter Sims）、安德魯・麥克連（Andrew N. McLean）、黛安娜・梅爾（Diana Mayer）合著的〈發現你的真誠領導力〉（"Discovering Your Authentic Leadership," *HBR*, February 2007）。

不過，雖然你必須對改變維持開放態度，但不一定需要向其他人坦白這件事。當你面對新的管理問題，或是嘗試新的領導風格，不要過於坦白可能感受到的不安全感。如果你太過堅持個人的透明化，像是說出「各位，我以前從來沒有負責過企業盈虧，對我目前正在做的事沒什麼概念！」就會傷害到自己的發展。就算你不覺得自己是個天生好手，也應該展現出自信。嘗試展現這種自信感，或許是讓自信感成眞的第一步。

## 道德和誠信

最後，就像之前討論的那樣，清楚表現出合乎道德的行爲，讓團隊對你的性格建立信任來說，也是相當重要的。這也是你身爲經理人角色的一項重要組成部分。商業道德是一套準則，規範工作場所中的正確行爲，看起來應該像什麼模樣，以及你應如何處理可能出現在顧客、員工、管理階層、投資人、大衆等利害相關人利益之間的許多衝突。商業道德延伸到你工作的每個部分，跟你的法律責任（遵守所有法律和規定）、財務責任（例如，爲公司創造財富，以及爲股東創造利潤）相互交錯。

過去，對道德的考量，是公司人力資源部門、法務長辦公室，以及高階主管的專業領域與責任。目前的情況不再是這樣了：現在，考慮道德議題，是第一線經理人的一項主要職責。許多商學院在教學時，都把「道德」當成所有經理人的核心職責之一。這是你對公司及股東要履行的義務，對你管理的員工來說，也是如此。在最簡單的層次上，你的道德立場，決定他們在你的組織裡是否感到安全；比方說，免受客戶或同事的騷擾和攻擊。即使是輕微的道德失敗，也可能對辦公室士氣造成嚴重的傷害。如果員工不信任你會立下正確的規範，就無法隨心所欲地貢獻所長。相反地，他們會因爲恐懼和自我保護，而限制了最佳表現。

要對你所屬單位的道德負起責任，是什麼意思？首先，你必須爲道德價值觀和行爲標準「以身作則」：

- **承擔做出困難決定的責任**。當道德義務發生衝突，或是需要採取不受歡迎的行動，你不應要求別人承擔責難。例如，如果你需要開除某位人緣好的員工，便應該要爲自己的決定負起責任。
- **公開檢視你的決定是否有偏誤**。模擬回答你想要別人提出的問題。蘿拉．納許（Laura Nash）曾經從顧問和哈佛商學院學者的雙重角度，來考慮商業道德。她建議，提出下列這些問題：「如果身在完全不同的情境下，你會如何定義目前這個問題？你的決定或行爲會傷害到哪些人？你是否有信心，自己的立場在長時間之後，會像現在看起來一樣合理？你能否毫無疑慮地跟上司、執行長、董事會、家人，以及整個社會，公開揭露你的決定或行動？」
- **對公司所有利害關係人展現眞誠的關懷**。你對股東和投資人所負的經濟責任，並不會消除你對客戶、員工、供應商，以及更廣泛社區的道德責任。比方說，如果你監督某位員工，他雖然爲公司帶來許多生意，但卻對同事、甚至是團隊以外的人性騷擾，你就不該刻意隱瞞他的行爲。

其次，你必須確保團隊裡的行為合乎道德。這表示要仔細審查個人的決定和行動，但同時，也要提倡整體的道德文化。這兩件事情是相互連結的：在這樣的文化中，人們會根據共同的道德標準，主動測試他們的決定。他們不會隱瞞衝突或忽視衝突，而是在衝突變得更嚴重之前就解決。道德思考是他們引以為榮的習慣。

建立這種文化的關鍵，在於鼓勵道德議題的透明度。如果你不把難以抉擇的困境，公開讓眾人知道，員工就會對其他人的言行，產生扭曲的個人想法。他們或許認為，其他人並沒有因這些問題而苦苦掙扎，道德問題其實只是他們應該覺得羞恥，並加以隱瞞的道德失誤。或者，他們可能會認為，每個人都以同樣的方式，來解決道德挑戰，那就是，在情況許可時，便違反規則。

為了對抗這想法，你可以保障人們的安全，讓他們告訴你困難的事實。直屬部屬知道你不知道的事。明確告訴他們，你希望聽到壞消息，然後不帶評判地傾聽，感謝他們發表意見，來獎勵分享消息的人。之後視情況需要，讓他們的資訊保密，或是公開讚揚他們。

你的公司可能有道德指導原則，詳細規範員工需要遵循的行為準則，公司的法律總顧問可能會協助處理任何潛在法律問題。這些明文規定的標準的確會有幫助，但道德這麼困難的原因在於，並非每個人都有相同的規則；我們的道德羅盤，受到兒時教養、受到的教育，以及在周遭觀察到的行爲的影響。到了最後，你需要擁有自己的羅盤，以便指引道德議題。其實，公司某個人跟你說某件事情是道德的，並不代表它合乎道德標準；就算某件事情是合法的事實，也不代表它合乎道德標準。如果直覺告訴你可能會出現道德議題，你就應該在適當的情況下請教上司，或是另一位高階主管，討論你的顧慮，並請求指導。

## 成為員工需要的領導人

信任是你完成工作需要的最強大工具之一。這不是你跟員工玩的一場遊戲，你不該依據自己認爲他們的偏好來發言和行動。相反地，爲獲得他們的眞正信任而採取的行動，會讓你轉變成他們需要的領導人。留意自己的性格、能力和道德標準，對身爲領導人是否能獲得信譽，是極爲重要的。

## 重點提示

- 身爲經理人和領導人的首要任務之一，就是獲得團隊的信任。
- 始終如一展現性格和能力，能讓你獲得團隊的信任。
- 爲了展現你的性格，你可以藉由下列方法來表明你重視團隊，包括讓團隊成員能發表意見、讚揚他們的成就、控制你對他們展露的情緒，以及表現尊重態度。

- 為了展現你的能力，你要快速贏得成功，但同時加強你的計畫和想法的可信度，方法像是引用你的研究和推論，以及坦白承認你不了解的事物等。
- 真誠做人，有助於讓你領導的團隊覺得你值得信任。不過，即使在嘗試新方法時會感到不自在，也要小心不要把真誠做人當成不嘗試新領導方法的藉口。
- 展現道德行為，在建立團隊對你性格的信任時，是非常重要的，同時，那也是你擔任經理人角色的重要組成部分。

## 行動項目

- ❑ 當你擔任新的管理職位之後，找出三到四個定義明確的簡單問題加以解決，獲得迅速勝利。
- ❑ 為你下一次的團隊會議，準備一份問題清單，用來詢問特定與會者。例如：「迪納許，過去一年來，你一直擔任這項計畫的創意領導人。在那段時間裡，你和團隊其他成員學到哪些事情，最後改變你處理設計流程的方式？」使用這類的提問，讓團隊成員參與決策，或是認可與感謝他們的貢獻。
- ❑ 下次當你做出重大決定時，清楚溝通如何獲得結論：像是你做了哪些研究、哪些因素支持你的選擇等。

- ❑ 使用邊欄「自我培養成爲眞誠領導人」，來省思你的背景和經歷，以便更了解你獨特的領導風格。
- ❑ 在自己決策和團隊決策的過程中，把道德議題做爲固定考量。提出下列這些問題：「這裡牽涉到哪些道德議題？」或是「誰會從A選項獲益？我們需要考慮哪些利益衝突？」
- ❑ 練習公開承認自己的偏誤，並邀其他團隊成員也這麼做：「坦白說，我有一個朋友在B供應商，我眞的很尊敬她。這個情況可能會對那家公司有利，但也可能影響我的判斷。」

Management

M

身為領導人，
與周遭相關人員的工作關係，
大多取決於你能否認知、管理
自己和其他人的情緒。
因此，「情緒智慧」這項「軟技能」，
甚至比技術能力、智商、提出願景等
「硬技能」更為重要。

第 3 章

# 情緒智慧

H B R

Emotional Intelligence

從1990年代開始出現情緒智慧這個概念以來，它對我們如何看待成功領導人就變得極為重要。情緒智慧可以用「情緒智商」〔emotional intelligence quotient〕或EQ來衡量。創造這個術語的心理學家之一的約翰．梅爾（John Mayer），是這麼定義這個概念的：

情緒智慧是準確覺察與理解你和他人的情緒，了解情緒傳遞關於關係的訊號，並管理你自己和他人情緒的能力。

跟授權分派工作或編列預算相比，這項技能可能算是「軟技能」，但這不代表它不重要。作家暨心理學家丹尼爾．高曼（Daniel Goleman）把情緒智慧引進管理思維當中。他的研究指出，相較於技術能力、智商，或是提出願景，情緒智慧是決定領導人是否有優秀領導力更重要的因素。現在，情緒智慧已是一項用於人才招募和晉升流程、績效評估和專業培訓課程的衡量標準。

雖然經理人和領導人容易認為，情緒不該出現在職場上，但當他們覺察到自己和周圍其他人的情緒，並且能有意識地流露出情緒，而不是以思慮不周，或是沒有生產力的方式回應時，便能大為受益。高曼和他的合作者，在邊欄「個案研究：如何培養情緒智慧」中，描述了這樣的轉變實例。

在本章中，你會學到如何培養情緒智慧，尤其是覺察和自律的組成部分。同時，你也會發現，如何協助員工管理他們個人和團隊的情緒。

## 情緒智慧是什麼？

高曼對情緒智慧的描述是：我們在生命早期就開始形成的五種技能和特質組合，最終成爲我們個性的核心部分。透過理解邊欄「情緒智慧：五大組成要素」中描述的每項要素，便能學到如何以更輕鬆的方式，處理工作場所裡具挑戰性或影響情緒的情境，獲得更好的成果。

情緒智慧不是你可以客觀衡量的事物，但你可以從這些衡量當中，了解你對自己的強項和弱點的看法。（見本章最後的邊欄「調查問卷：理解你對自己情緒智慧的看法」）。如果對自己情緒智慧的理解和關注愈清楚，在職場上的情緒就會愈穩定。

我們會在本章的其他地方，更密切地檢視情緒智慧的某些組成部分，特別是聚焦在這兩大重點：自我覺察和自我規範。

## 自我覺察的力量

自我覺察表示你詳細觀察自己的行動、感受和行爲，以及它們如何影響你周遭的人，並對此保持坦誠的態度。爲達到這種自我認識，你不需要太過於批判，但的確需要

## 個案研究：如何培養情緒智慧

胡安是一家大型綜合能源公司拉丁美洲部門的行銷主管。他負責家鄉委內瑞拉及整個區域的業務成長，這份工作需要他指導員工，也頗具願景，而且對未來抱持鼓舞人心和樂觀的看法。

不過，360 度全方位評估的回饋意見揭露，員工認為胡安令員工畏懼，而且只注意內部事務。他許多直屬部屬都認為，他是個滿腹牢騷的人：在他情況最糟的時候讓人無法取悅，最好時讓人情緒耗竭。

確認這項差距，讓胡安得以擬定一項計畫，以可管理的步驟進行改善。他知道，如果想培養指導風格，需要加強同理心，所以他投入各式各樣的活動，練習這項技巧。例如，胡安決定更深入了解每一位部屬；他認為，如果更了解他們，就更能協助他們達成目標。他和每位員工個別約在辦公室以外的地方會面，讓他們可以更自在揭露自己的感受。

實事求是。培養自我覺察相當困難，因為我們經常會以感覺較為安全的情緒，掩飾自己最難處理的情緒。

胡安也尋找工作外的領域，來創造自己欠缺的連結：例如指導他女兒的足球隊，在當地的急難中心當志工。這兩項活動，都有助於他試驗自己對他人的了解有多深入，並嘗試新的行爲。

胡安試圖克服自己根深柢固的行爲；這些年來，他甚至沒有意識到，自己的工作方法已經固定不變了。注意到這些根深柢固的行爲，是改變它們的關鍵步驟。他更加留意之後出現的各種情況，像是傾聽同事的話、指導足球，或是跟某個擔憂的人通電話，都變成刺激他打破舊習慣、嘗試新反應的提示。

資料來源：改編自丹尼爾．高曼、理查．波雅齊斯（Richard Boyatzis）、安妮．瑪琪（Annie McKee），〈好情緒領導力〉（"Primal Leadership: The Hidden Driver of Great Performance," *HBR*, December 2001）。

爲培養對自己行爲的覺察力，你需要辨認自己依循感覺採取行動的模式。在覺得生氣時，你會出言攻擊，還是沉默退縮？當某項任務讓你覺得緊張驚懼，你會猶豫不前，還是積極掌控？舉例來說，每天工作結束，你可以在通勤時簡單自我檢討一下：今天有哪些正面和負面的情緒？一天當中，哪些時候讓你覺得工作很有成效，哪些行爲讓你覺得不對勁？你認爲，今天有哪些事物推動自己的情緒和行動？

你也可以當場自問這些問題：比方說，在你對員工忽然發脾氣之後，或是當你成功完成一項重要任務之際。不要只專注在你的問題上；你的成功也同樣能讓你學會許多事情。

高曼指出，教練、值得信賴的同事，甚至員工提供的回饋意見，都可以幫你更了解發生什麼事。他們如何體驗你的情緒和行爲？親近的朋友或家人或許也能幫忙你，所以你要考慮向外求援：「最近我一直覺得工作時充滿活力，我不確定這股動力來自哪裡。你能幫我了解箇中原因嗎？」

理想情況下，你在自己身上觀察到的反應會是「順應的」（adaptive），表示它們會解決你面對的基本情緒問題。例如，你認知到自己對某位團隊成員經常感到不耐煩，所以可以調整自己跟他工作的方式，以排除挫折感。但我們都會涉入某些「順應不良」（maladaptive）的行動，結果只讓情況變得更糟。常見的順應不良的反應包括：

- 拖延
- 否認

- 鬱悶
- 嫉妒
- 自我糟蹋
- 攻擊性
- 防衛性
- 被動攻擊性

模式（pattern）這個概念在這裡很重要。每個人偶爾都會拖延。但身爲個人，我們通常會傾向發展出一連串特定的行爲或思維，也就是我們「不假思索的直接」反應。如果你經常在衝突發生時拒絕溝通，對你來說，否定可能就是一種重要的情緒模式。或者，如果衝突時常導致你一再重複相同的想法（「她錯了。我無法相信她竟然不了解這個道理！她提出一個好觀點，但她絕大部分都是錯的」），你可能就容易陷入鬱悶當中。

這些情緒習慣會影響到所有事情，從我們在專案計畫上的績效，到我們給同儕的印象。不過，你觀察到的模式並非永遠一成不變；他們是可以塑造的。一旦你覺察到自己對他人造成任何負面效應，就可以順應並減緩這些影響。

## 情緒穩定和自我控制

如果能自我覺察，你生氣時自己便會知道。下一步，是運用這種自知之明來管理你的情緒。高曼稱此爲自我規範（self-regulation）的能力。這種能力之所以重要，有下

# 情緒智慧：五大組成要素

## 自我覺察

### 定義

能識別和理解自己的心情、情緒和驅動力，以及它們對其他人的影響。

### 特點

- 自信心
- 符合現實的自我評估
- 自我嘲弄的幽默感

## 自我規範

### 定義

控制或重新引導破壞性衝動和心情的能力。暫停判斷的傾向：行動前先思考。

### 特點

- 值得信賴和正直
- 對模稜兩可感到自在
- 對改變抱持開放態度

## 驅動力

### 定義

對工作的熱情，超越金錢或地位的理由。以活力和毅力追求目標的傾向。

### 特點

- 強大的成就動力
- 樂觀，即使遭遇失敗也一樣
- 對組織的投入

## 同理心

### 定義

理解其他人情緒組成特質的能力。具有相關技能，可以根據人們的情緒反應來對待他們。

### 特點

- 培養和留任人才的專業知識
- 跨文化敏感度
- 爲客戶和顧客提供服務

## 社交技巧

### 定義

精熟管理關係和建立人脈網絡。找到共同點，並建立融洽關係的能力。

### 特點

- 領導變革的高成效
- 說服力
- 建立和領導團隊的專業知識

資料來源：丹尼爾．高曼，〈成為全方位領導人？〉（"What Makes a Leader," *HBR*, January 2004）。

列三個原因。

首先，團隊會對你的心情有所反應。領導人的情緒會感染其他人；你的情緒，會影響在你周遭工作的每個人的體驗。高曼和他的同事把這種機制稱爲「情緒感染」（mood contagion）。如果你覺得悲觀和沮喪，你的團隊也會如此，即使這並不是他們自然的傾向。如果你公開流露自己承受壓力，讓大家都看得到，你的團隊成員也會感受到更多壓力。這是因爲情緒是透過包含賀爾蒙水準、心血管功能、睡眠規律、免疫功能的開放迴路系統，在生理層次上傳播。我們的身體會不由自主回應這些訊號，而這些獨特的身體變化，無論是好是壞，最後會結合成一個涵蓋整體的情感體驗中。

其次，情緒穩定可以讓你在高風險情況時，質疑或放慢自己的決策，這麼一來，就不會做出情緒激動或思慮不周的選擇。在當今的商業環境中，如果你能保持冷靜判斷，來應對快速動盪或長時間的不確定性，便能獲益良多。

最後，自我控制會確保你的正直。你需要能節制自己的衝動，以便拒絕可能會損害職涯或組織的道德誘惑。衝動行爲即使並不違法，也有可能傷害你的領導力；如果你讓朋友獲得公司合約、自己跟員工發生關係，甚至違背自己跟團隊約定好的承諾，就有可能會失去員工對你的尊重和信心。尤其是在壓力下，可能會讓我們最不好的一面出現在職場上。在高度壓力的情況下，自我控制彌足珍貴。

## 管理會引發你情緒反應的議題

無論你多麼努力管理自己的情緒，可能還是要面對會引發你情緒反應的議題，像是你對其他人特別敏感的行爲，或是你個人特別敏感的事物。或許你討厭說話時被人打斷，尤其是被某個自命不凡的同事打斷。或者，你可能對自己簡報時公開演說的技巧覺得尷尬，而且不知如何處理聽衆對你的想法所提出的挑戰。

當你發現自己面對引發情緒反應的議題，會經常無法控制它激發的負面情緒。你可能會對打斷你說話的同事發怒，失去清楚表達自己想法的能力，或者，在簡報到一半時，開始眼眶充滿淚水。

商業策略師暨高階主管教練麗莎．賴（Lisa Lai）建議一項三合一策略，讓你在失去耐心的易怒情況下保持冷靜：

- **接受目前發生的事情**。啓動你的自我覺察力。在引發情緒反應的議題背後，總是有段過去的緣由。或許，你現在對自己說話時被人打斷的反應會這麼糟，是因爲這是你上一份工作或個人關係中的主要問題。不要讓那些聯想控制你：了解是哪些過去的事情被觸發，但必須有意識地決定，不要把過去投射到當前這個情況上。你無法知道當前這一刻會如何發展。
- **把自己從故事中抽離開來**。你感覺目前發生的事情，跟你個人息息相關；這就是它能激怒你的原因。但如果事情並非如此呢？如果被別人打斷發言這件事，並不能決定你的價值或地位，或者，跟你個人完全沒有關係，情況又會如何？你不知道對方爲什麼這樣做，也不必配合他們入戲。所以，想像你正親眼看著當下這個情況發生在別人身上：他們能做的最佳選擇是什麼？
- **培養一種身體提示**。激動的情緒，會讓你深陷在自己的想法裡，但你可以運用身體，來協助重新引導自己的想法。當你覺得事情變得愈來愈嚴重，做一個微妙的姿勢或動作，把你的注意力穩定在當下。麗莎會把她自己的手掌壓在桌子下面，或是彼此相對；你可以深呼吸幾次，手裡握著一支筆或其他物體，或者，讓自己冷靜下來，挑選一個地方凝視幾秒鐘。

好消息是，即使你的情緒眞的爆發了，還是可以恢復。如果你做了一件讓自己後悔的事，就承認發生什麼事。如果你在爆怒時吼叫或羞辱某人，應該先道歉。然後不妨嘗試解釋到底發生什麼事：「我當時很生氣，對自己的行為並不自豪。我試著理解自己為什麼會出言不遜，我想是因為你打斷我說話，讓我覺得不受尊重。」再度回顧當初引發你行為的情緒，會相當困難。不過，研究指出，當你適當揭露自己的情緒，人們會以更多的同情和寬容回應你。

## 管理員工的情緒

就像優秀經理人會管理自己的情緒一樣，他們也會觀察和回應團隊成員的情緒狀態。雖然你無法控制員工如何感受，甚至是如何選擇採取行動，還是可以引導他們，選擇更有成效的路徑。例如，如果佩德羅在討論新方案的會議上噘著嘴，一臉不高興，他的不滿可能就會破壞團隊的支持。但如果你跟佩德羅一起處理他的情緒，並協助他以更正面的方式表達情緒，就可以化解會議上的緊張壓力，更清楚了解他的觀點，或許在這個過程中，也學到重要的心得。

要做到這一點，你必須了解員工的情緒狀態，清楚表達你看重他們個人的價值，並解釋你不願意忽視不適當的行為。然後，你可以幫助他們理解和解決重要的問題。方法如下：

## 第一步：注意情緒

不要等到為時已晚才行動：留意事前流露的跡象，比方說，某人說的話與肢體語言之間的差距；例如，如果有人說他們同意某項決定，卻避免眼神接觸或臉色變紅。

你對這個選擇似乎不滿意。讓我了解你目前在想什麼。

## 第二步：練習積極傾聽

讓你的員工投入，尋找激發他們情緒反應的議題。你可以從這個人正在研究的事實，以及推動他們反應的價值觀中，推斷出什麼結論？哪些字彙選擇和肢體語言似乎不尋常，他們不斷重複強調哪些詞語或想法？詮釋你聽到的內容，提出相關的開放式問題，追蹤後續的發展。

我了解這個決策過程讓你覺得挫折。告訴我，你覺得挫折的原因是什麼？

## 第三步：重新塑造員工的情緒

使用你蒐集的資訊，針對發生的事情提出假設，然後進行測試。例如，如果員工正在抵制新的訓練流程，他們是否不了解價值，還是他們認爲訓練流程不會妥善實施？做出明智的推測，詢問他們的回應。如果你是對的，員工會覺得自己的意見受到重視；如果你錯了，他們的反應仍會讓你學到一些有用的心得。

我聽說，你認爲這個流程缺乏效率，所以不想浪費自己的時間。是這樣嗎？還有什麼事是我不知道的？

一旦成功完成重新塑造，你就可以繼續運用一般解決衝突的技巧（見第 12 章〈領導團隊〉）。

這個過程可能會讓員工覺得容易受到傷害，特別是如果它發生在團隊當中的話。如果團隊成員對他們同事的焦慮痛苦感同身受，或者，同事正在攻擊他們，團隊的其他成員也可能會覺得容易受到批評。爲達成有效的解決方案，你要跟所有人保證，自己是眞心誠意進行這次的對話。

### 第四步：溫和捍衛團隊規範

公開指出不能接受的行爲，尤其是牽涉到其他人的事情。你小組的其他成員必須知道，你認眞看待大家都同意的規則，而且你支持他們。但要溫和進行，以同理心顧及當事人的感受；要考慮到公開點名這位員工，會如何影響到他的情緒。

我知道你覺得挫折，但在這樣的討論裡，挖苦和嘲笑不會有幫助。你可以再說一次你的看法嗎？

### 第五步：如果合適，道歉或表示同情

有時候，員工發生的情緒問題其實是因爲你。或許你做了不恰當的事；也許你不自覺碰觸到會引發他情緒反應的一項議題，或者，你可能只是令人生畏。當你承認自己對員工情緒狀況的影響之後，便表示你站在他那邊，而且想幫忙他解決他的任何核心問題。

當你第一次提到這些擔憂時，很抱歉我沒有留意到。
很抱歉，你目前的生活正經歷這些事情。
我絕對不希望這個議題增加你現在的壓力。

這些策略會幫助員工維持當下的平衡狀態，並逐漸發

展他們的情緒智慧。你正在幫助他們成爲團隊和組織更堅實的貢獻者。

## 建立團隊的社會覺察力

提高個別員工的情緒智慧，可以改善團隊動態，但也可以建立整個團隊的情緒文化，做法是爲你們每天應如何互動，建立一套共同期望，也針對如何處理壓力和克服挑戰，建立一套指導方針，以及對如何制定決策，建立一套規則。在凱斯西儲大學（Case Western Reserve University）和馬瑞斯特學院（Marist College）擔任研究人員，發展出團體情緒智慧理論的凡妮莎·厄奇·杜魯斯凱特（Vanessa Urch Druskat）和史蒂芬·沃爾夫（Steven B. Wolff），提出上述這個觀點。這些規範有助於管理團隊的情緒，尤其是在團隊面臨壓力時的情緒。反過來，正面情緒也會影響團隊每位成員的動機和效能。

少數幾項目標明確的簡單做法，便可以產生重大影響。下列有幾項建議：

### 擬定並遵守基本規則

- 指出團隊成員的偏差行爲。
- 假設不妥當行爲發生的原因。找出那個原因。提出問題，然後傾聽，避免負面歸因（negative attribution）。

## 工作之外要空出時間

- 團隊成員定期外出活動聚會，多認識彼此。
- 在例行會議開始時，詢問團隊成員，了解每個人的現況。
- 了解並討論團隊的情緒。花時間討論困難議題，並解決議題引發的情緒。
- 表達接受團隊成員的情緒。
- 展現靈活彈性，在需要時提供情緒支援或物質協助，支持團隊成員。

## 當情況變得艱難

- 強調團隊能應對挑戰。要樂觀。例如，說「我們可以順利度過這次挑戰」或「沒有任何困難能阻擋我們」。
- 創造有趣的方法，來接受和減輕壓力與緊張。
- 提醒成員要記得團隊重要和積極正向的使命。
- 提醒團隊別忘記以前如何解決過類似的問題。
- 專注在可以控制的事物上；聚焦在問題解決上，不要怪罪他人。

## 在做決定時

- 詢問每位成員是否同意做出的決定。

- 詢問安靜的成員有何想法。
- 尊重個人獨特之處，以及觀點的差異。
- 驗證確認成員的貢獻。讓其他人知道他們受到重視。
- 保護團隊成員不受到攻擊。絕對不要不尊重或貶低他人。

當你實施新的規則，讓你的團隊參與其中。你要記住，身爲經理人的你在試圖創造一種自我覺察的文化時，你並不孤單。你的團隊成員對這個過程極爲重要。當你擬定基本規則，務必請教團隊的意見，並明確規範你會用來解決衝突，或是打破緊張局面的語言。

創造文化變革並不容易，尤其是在情緒這個層面。不過，要記住，你不必一次就完全改變人們感受和思考的方式。如果你可以調整他們言行舉止的方式，就算只是微調，情緒相關的改變，就會自動跟著發生。

## 持續培養情緒智慧

在你擔任領導人的歷程中，培養情緒智慧是持續的工作。這是支持領導人思維心態的基礎技能：你如何管理自己的動機，建立支持你目標的人際關係；你如何幫助員工把他們的工作做得更好；你如何幫助許多背景經歷完全不同的個別成員合作，達成共同的目標；還有，你如何在充滿壓力和持續變化的情況下，做出正確的商業決策。

## 重點提示

- 相較於技術能力、智商，或是提出願景，情緒智慧是決定領導力是否強大的更有力因素。
- 高曼最初定義的情緒智慧，是自我覺察、自我規範、驅動力、同理心和社交技能的組合。
- 雖然你無法客觀衡量自己的情緒智慧，但可以透過自我省思，從可信賴的朋友和家人那裡獲得回饋意見，開始了解自己認知的優點和缺點。
- 經理人的情緒其實有感染力。我們的身體在生理層次上，會向其他人傳達壓力、希望之類的情緒。
- 確認會引發你情緒反應的情況，然後使用思考練習或身體提示，讓自己脫離情緒旋風，在情緒會爆發的情況下保持冷靜。
- 在情緒爆發之前，留意你團隊的強烈情緒反應。協助你的員工用有建設性的方式來表達反應，做法是積極傾聽，並重述你聽到他們說的內容，而你的用語要能協助所有人進一步採用一般解決衝突時所用的技巧。
- 捍衛團隊規範，在適當時提供道歉或同情，以及幫助你的員工在尷尬的情緒爆發之後挽回顏面，藉此促進正向的情緒。

## 行動項目

- ❑ 每一天，或是在特定的情緒事件之後，在行事曆記錄下自己的情緒模式。然後尋找相關性。你的心情如何影響工作成效，以及你跟同事的互動？某些活動是否容易引起厭煩不耐，或是強烈興趣等情緒狀態？考慮你的反應是否能順應解決情緒問題，還是順應不良。
- ❑ 跟同事或朋友探詢近況，詢問他們對你的情緒和行為的回饋意見。
- ❑ 回想一下團隊最近發生的衝突。事情發展急轉直下的轉折點是什麼？彼此在理解上的關鍵差距在哪裡？如果問題已獲得解決，是採取哪些行動讓情況好轉？是不是有一、兩項明確的團隊規則，是原本可預防整個情況變糟的？向重要當事人或旁觀的人詢問他們的意見。
- ❑ 嘗試用一、兩條新規則，來解決反覆出現的辦公室動態問題；例如，你的團隊在面臨壓力時，會傾向變得悲觀或難以控制。解釋你為什麼要實施這項規則，並設定一段時期來進行測試。在這段時期，要求你的員工支持這項新規則；在開會時把規則寫在牆上，把它附在電子郵件下方，自己的行為也要謹慎地遵守規則。過一段時間，再跟團隊詢問現況：

## 調查問卷：理解你對自己情緒智慧的看法

偉大的領導人感動我們：他們啓發、激勵我們，帶給我們熱情與活力。他們是如何辦到的？答案是，透過情緒智慧做到這一點。高曼在 1995 年發表有關這個主題的開創性著作之後，喚醒我們所有人。之後，我們學到許多跟情緒智慧能力相關的事，像是自我覺察和同理心，還有人們可以做哪些事來發展這些能力。

爲更深入了解你自己的情緒智慧，盡可能誠實回答這份問卷的敘述，從「總是」到「從不」勾選其中一列。

計算你的分數，在完成每個部分時，計算每欄中的勾選記號，並在「每欄總數」這一行中記錄這個數字。把每欄的總分乘以下面一行中的數字，記錄在下面一行中。把這一行加總在一起，獲得你在情緒智慧的每個面向上，對自己有什麼看法的總分。

他們認爲這項規則有效嗎？它如何影響團隊的動態？

反省你的優勢，了解哪些地方能改善固然相當重要，但不要只是做這件事。其他人的觀點也很重要。查看你的分數之後，請一、兩位你信任的朋友，使用同一份敘述評估你，以了解你的見解，是否符合他人對你的看法。

資料來源：安妮．瑪琪（Annie McKee），〈自我測驗：你是否將情緒智慧融入領導？〉（"Quiz Yourself: Do You Lead with Emotional Intelligence?" HBR.org Assessment, June 5, 2015）。問題改編自合益集團（Hay Group）的〈情緒和社會能力盤點〉（Emotional and Social Competency Inventory），以及理查．波雅齊斯（Richard Boyatzis）的文章〈21世紀的能力〉（"Competencies in the 21st Century," *Journal of Management Development*, 27:1〔2008〕, 5–12）。

## 你會如何描述自己？

| | 總是 | 大多數時候 | 經常 | 有時候 | 很少 | 從不 |
|---|---|---|---|---|---|---|
| **情緒的自我覺察** | | | | | | |
| 1. 我可以在感受到情緒的那一刻，說明那些情緒。 | | | | | | |
| 2. 除了「快樂」、「傷心」、「生氣」等之外，我可以仔細描述自己的感受。 | | | | | | |
| 3. 我了解自己會有那些感受的原因。 | | | | | | |
| 4. 我了解壓力如何影響心情和行為。 | | | | | | |
| 5. 我了解自己的領導強項和弱點。 | | | | | | |
| **每欄總分** | | | | | | |
| 每個答案的分數 | x 5 | x 4 | x 3 | x 2 | x 1 | x 0 |
| 上面兩行互乘 | | | | | | |
| **自我覺察總分**（上面這行的總和） | | | | | | |
| **正向展望** | | | | | | |
| 6. 面對充滿挑戰的情況時，我覺得樂觀。 | | | | | | |
| 7. 我專注在機會，而不是障礙上。 | | | | | | |
| 8. 我認為人們是善良的，而且立意良善。 | | | | | | |
| 9. 我期待未來。 | | | | | | |
| 10. 我覺得充滿希望。 | | | | | | |
| **每欄總分** | | | | | | |
| 每個答案的分數 | x 5 | x 4 | x 3 | x 2 | x 1 | x 0 |
| 上面兩行互乘 | | | | | | |
| **正向展望總分**（上面這行的總和） | | | | | | |
| **情緒自我控制** | | | | | | |
| 11. 我處理壓力的能力很好。 | | | | | | |
| 12. 我面對壓力或情緒波動時很冷靜。 | | | | | | |
| 13. 我能控制自己的衝動。 | | | | | | |

| 14. 我為了他人的利益，適當運用強烈的情緒，例如憤怒、恐懼和歡樂。 | | | | | | |
|---|---|---|---|---|---|---|
| 15. 我有耐心。 | | | | | | |
| **每欄總分** | | | | | | |
| 每個答案的分數 | x 5 | x 4 | x 3 | x 2 | x 1 | x 0 |
| 上面兩行互乘 | | | | | | |
| **情緒自我控制總分**（上面這行的總和） | | | | | | |
| 順應力 | | | | | | |
| 16. 當情況出乎意料產生變化，我很有彈性。 | | | | | | |
| 17. 我擅長管理多個相互衝突的需求。 | | | | | | |
| 18. 當情況發生變化時，我可以輕易調整目標。 | | | | | | |
| 19. 我可以迅速改變優先事項。 | | | | | | |
| 20. 當情況不確定或不斷變化，我很容易順應。 | | | | | | |
| **每欄總分** | | | | | | |
| 每個答案的分數 | x 5 | x 4 | x 3 | x 2 | x 1 | x 0 |
| 上面兩行互乘 | | | | | | |
| **順應力總分**（上面這行的總和） | | | | | | |
| 同理心 | | | | | | |
| 21. 我努力了解人們的基本感受。 | | | | | | |
| 22. 我對別人的好奇心促使我專心傾聽他們。 | | | | | | |
| 23. 我試圖了解人們為什麼如此行事。 | | | | | | |
| 24. 即使跟我自己的想法不一樣，我仍很容易了解別人的觀點。 | | | | | | |
| 25. 我了解別人的經歷，會如何影響他們的感受、想法和行為。 | | | | | | |
| **每欄總分** | | | | | | |
| 每個答案的分數 | x 5 | x 4 | x 3 | x 2 | x 1 | x 0 |
| 上面兩行互乘 | | | | | | |
| **同理心總分**（上面這行的總和） | | | | | | |

Management

# M

當你從個人貢獻者變成經理人，
就必須以新的方法
檢視問題，並衡量成功。
你還必須了解，你和團隊如何融入
更大的組織架構和目標。
因此，你必須調整定位，
讓自己更容易獲得成功。

第 4 章

# 成功的自我定位

H B R

# Positioning Yourself for Success

在前兩章中，我們已檢視爲了眞正激勵員工，你必須運用的情緒和人際關係技巧。不過，領導力並不是有了追隨者就足夠；你還需要有個可前往的目的地。對你還有你的團隊來說，成功是什麼模樣？你會如何定義那項終極目標？身爲經理人，你需要深度思考自己和組織整體策略之間的關係，以及自己和團隊能善用的機會。

在本章中，我們會討論如何改變你的心態，以不同的角度來思考你的新角色怎樣才算成功。此外，你也會學到如何把自己的目標和團隊目標，與組織策略連結在一起，以及如何辨識和降低可能妨礙你的風險。

## 重新定義成功

當你從個人貢獻者轉變爲經理人，會以新的方式檢視問題，並衡量成功。你的個人績效不再是終極目標：你現在的首要職責，是透過其他人完成任務。從這個觀點來看，成功是建立在：

- 爲你的團隊成員明確定義期望
- 滿足團隊的短期標竿和目標
- 透過團隊的成就，來推動公司目標
- 強化直屬部屬的技能，有效管理他們的任務

換句話說，只有團隊成功，你才算是眞正成功。假以時日你會明瞭，團隊的成就，就像以前你自己的成就一樣

會讓你感到滿意。不過，要獲得這樣的滿足感，可能需要一些時間，因爲跟從前相比，現在的你，距離實際工作又再更遠一些。因此，你和工作成果的關係，可能會覺得遙遠、不明確，甚至無法辨認。指導員工可能需要幾個月，甚至是好幾年的時間，才能眞正有收穫。團隊以外的任何人，可能都不會看到你主持會議的驚人技巧。而且，談到你所屬單位的成就時，你很少會獲得跟過去相同的即時滿足感；當時，成功的結果明顯是因爲自己的努力。

面對這些變化的情況，你要如何還能覺得滿足？許多經理人學會從下列工作中獲得樂趣：

- 看到並幫助其他人在職場上成功和茁壯成長
- 發現他們自己能成爲高效能教練，引導出他人的最佳表現
- 看到自己順應新身分，對新職責駕輕就熟
- 擬定令人信服的策略和計畫，達成商業目標
- 在你的團隊履行承諾時，慶祝他們的成功

## 了解組織策略

你管理團隊的部分工作，是要了解自己如何配合更遠大的計畫。你的組織有一項發展競爭優勢的總體計畫，可能需要事業單位和個人完成一連串的目標。在第 15 章〈策略入門課〉中，你會更了解如何擬定這些策略，但現在，只需要考慮組織對你個人績效的期望。身爲經理人，你透

過員工來支持公司的整體計畫；你自己的策略和目標，必須和上級設定的優先事項連結在一起。所以，擬定自己的計畫時，你要釐清自己應該完成哪些工作，還有應該如何辦到。

## 第1步：蒐集策略目標相關的資訊

除了評估你的團隊、部門，或是組織可能擁有的任何策略文件之外，你應該先展開「傾聽之旅」：跟組織裡的關鍵人物進行一系列對話，有助於釐清組織的策略目標。跟上司當面對談當然相當重要，不過，你也需要了解團隊或組織中其他領導人的觀點。

不過，別只是向上尋找答案。也需要考慮部屬或平行的同事。你也希望向有見解的人徵詢意見，他們可能沒有職權，無法對自己的想法採取行動，但他們會清楚知道目前眞正發生的事情。誰在公司工作了很久？誰跟目前的領導階層密切合作過？誰最近才從一家經歷過類似變革流程的公司轉過來？舉例來說，針對你所屬領域的科技可能會如何演進，研發部門的某位同事或許擁有專精知識；而某位市場研究人員對你的客戶群如何演變，可能會有最新資訊。使用邊欄「定義策略目標」中的例句說法，做爲這些對話的範本。

在你進行這些對話時，務必要求清晰和具體。「我聽到你提到，創新是我的團隊的優先事項。你想看到我們聚焦在哪些地方？」如果開放式問題無法讓你得到答案，就提供有限的選擇：「我認為，針對我們推展客戶關係的方式，還有我們的庫存技術，有許多機會可以進行創新。你想要我們把重點放在哪裡？」

反思你的對話，留意你聽到內容的差距和矛盾之處。不同的人，是否強調不同的策略目標？你的主管交辦給你的專案，是否不符合他定義的優先事項？如果可以的話，你要努力釐清這些不一致的地方是源自哪裡：「這項特殊任務支持你為本部門勾勒的整體方向。你如何看待這項特殊任務？」

## 第 2 步：分析你策略目標的風險

一旦確認自己面對的目標和機會，你還要檢視自己蒐集到的所有資訊，詢問最大的風險在哪裡：

- 團隊未來不確定性的主要來源是什麼？
- 你能辨識哪些「外部」風險？考慮下列這些範圍：資金、跟公司其他單位的競爭與衝突、公司內支持者或保護人的地位，以及潛在的組織重整。
- 你能辨識哪些「內部」風險？考慮即將發生的人事變動、團隊動態和辦公室政治

另外，也透過一個較個人的問題，來篩選你正在學習的所有事情，這個問題是：你需要哪些條件，才能在你的角色中獲得成功？這並不是要滿足自己的虛榮。既然你現

## 定義策略目標

### 你的組織

- 「公司目前的主要策略目標是什麼？」
- 「接下來六個月（一年或長期來說），我們會面對的重大需求、挑戰和機會是什麼？」
- 「我聽到______是我們當前的首要任務，而長期來說，我們正在為______做好準備。我是否正確了解情況？有任何遺漏嗎？」

### 你的團隊

- 「你認為我的團隊該如何配合推動前述事項？」
- 「你要求我的團隊達成什麼優先事項？接下來六個月（一年或長期來說），你想看到我們解

在是領導人，上司就會期望你成為能進行策略思考的人，這代表你要學會評估個人必須面對的風險和機會。問你自己下列這些問題：

- 對自己未來的不確定性主要來源是什麼？
- 你能辨識自己的成功會面臨哪些「專業」風險嗎？考慮下列這些範圍：你的職業目標；你的經驗、訓

決的重大需求、挑戰和機會是什麼？」

- 「我想要看到我的團隊完成_____和_____。你有什麼看法？」

### 你自己

- 「執行這項策略時，你想看到我扮演什麼角色？」
- 「接下來六個月（一年或長期來說），你想看到我處理的重大需求、挑戰和機會是什麼？」
- 「我認爲如果我做_____和_____會最有用。你有什麼看法？」
- （對你的上司或重要同事說）「你目前在組織裡的主要目標是什麼？我能如何提供支持？」

練和認證；你的人脈網絡，尤其是在公司內部；工作後勤事項，例如，困難的通勤。

- 你能看出自己的成功會面臨哪些個人風險？考慮你的健康、家人、財務狀況，還有你的性格和內在本質。

一旦你了解自己成功會面臨的主要風險之後，從幾個不同的角度分析這些風險。首先，哪些風險最有可能直接影響你的成功？你絕對需要規畫好哪些事項？例如，如果你知道，自己的工作量很難在重要期限前完成任務，比方說，向法院提交法律訴訟文件，就必須找到解決這個問題的策略。

其次，處理哪些風險，是不可能或不切實際？你無法預先規畫好哪些事項？例如，你可能不知道自己的公司或部門，在未來一年內是否可能出售，但如果你還沒有觀察到任何跡象，就可能不值得預先規畫。你可以透過解決相關的問題，比方說，爲延後做好準備或創造新方法，加強你跟團隊的個人關係，來彌補這項風險。

第三，哪些風險容易預先規畫？有沒有你可以輕易採取的高價值行動？例如，如果你對特定程式語言缺乏經驗，會影響到領導新產品推出的能力，你可以了解公司是否會出錢，讓你進修課程，或是從公司外部聘請專家。

最後，你們組織裡還有哪些人會面臨這些風險？誰可以成爲策略盟友？例如，如果你的團隊需要擴大的 IT 支援，才能達成績效目標，你可以尋找公司內部同樣也需要額外資源的另一個單位，協助你努力獲得更多資源。

## 規畫策略連結

在你所有的研究和省思之後，現在是擬定一項計畫的時候了：在當前這個大環境中，你要做哪些事才能成功。

你設定的目標，應該來自你了解的公司整體策略，以及自己的定位。眞正的力量，來自把你的目標與組織最高目標連結起來；在理想的情況下，你監督的每個人，都了解他們的個人目標、單位的目標，以及單位活動如何爲組織的策略目標做出貢獻。運用這些問題來建構你的目標：

- 你或你的團隊需要達到哪些指標，才能協助公司成功？
- 你或團隊需要向組織中的顧客，或是接觸顧客的團隊提供什麼，以便達成公司的願景？
- 你或你的團隊跟哪些職能小組合作最密切，如何確保你們對共同的優先事項，有一致的看法？
- 你或你的團隊需要在哪些流程上有卓越績效，公司才能讓你的顧客和股東感到滿意？
- 你或你的團隊需要學習哪些事物，你或你的團隊需要如何改善，公司才能達成目標？

當你開始擬定具體計畫，要記得你受到預算、人員、時間安排的限制。如果目前還不清楚這些參數，現在就開始了解。哪些參數絕對不可移動？哪些有彈性？你愈了解自己受到的限制，在限制範圍內就可能愈有創意。

你對這些問題的答案，構成了行動項目清單。你已定義好自己需要達成的指標、需要提供的服務、需要有卓越績效的流程，以及爲了成功需要做出的改善。

## 轉變為領導人心態

如果你要對自己新的管理身分感到自在，你的信念、態度，甚至可能包括價值觀，都會需要發生深刻的轉變。當你開始轉變爲領導人的心態，可能會發現，就跟許多新上任的經理人一樣，你擔心或害怕的工作面向，其實會意外地帶給你滿足感。不論是贏得之前同事的信任，或是靈巧地處理員工的情緒爆發，除了讓自己成爲更勝任的經理人之外，你也會發展出對自己有益的能力。

## 重點提示

- 當你從個人貢獻者變成經理人，會以新的方法檢視問題，並衡量成功。
- 你也需要了解，你和團隊要如何融入組織更大的架構和目標。
- 透過分析可能威脅你達成這些目標的風險，你可以調整定位，讓自己更容易獲得成功。
- 透過考慮你會使用的指標、你會合作的團隊，以及你的團隊所需的流程和能力，擬定你會如何達成目標的具體計畫。

## 行動項目

- ☐ 使用邊欄「定義策略目標」中的問題，透過跟你的上司、同事，以及因爲影響力或閱歷而產生有用觀點的人交談，以蒐集資訊。

- ❑ 分析跟策略目標相關的風險，考慮你可能如何處理每項議題。
- ❑ 辨識與確認你的組織中也受到影響、可協助你取得進展的盟友。
- ❑ 使用「規畫策略連結」中的問題列表，建立你的策略目標，讓團隊工作與組織的總體策略達成一致。
- ❑ 練習辨識你在新角色上表現成功之處，以及深入感受成功。在每星期結束時建立一項儀式，回憶過去五天來，你有何成就，以及你的團隊有何成就。如果全都模糊不清，你可以查看自己的日曆，或是每天進行內心回顧，來提醒自己的記憶。

## 第二部

# 自我管理

# Managing Yourself

身為組織中逐漸崛起的領導人，
你必須持續培養哪些重要技能？

Management

M

你要向上管理，

爭取上司為你開拓機會和支持你。

你要發展人脈網絡，

成為組織裡對同儕有影響力的人。

你必須以審慎的方式，

讓自己在組織中獲得他人信任，

也能發揮影響力。

第 5 章

# 成爲有影響力的人

H B R

Becoming a Person of Influence

在你建議新的想法時，同事會聽嗎？他們是否會詢問你的意見？你爲新的方法提出支持論點時，上司會尊重你的建議、認眞看待你嗎？企業裡其他領域的人是否認識你，而且對你跟他們的合作反應良好？換句話說，你在組織裡是個有影響力的人嗎？

在第 2 章〈建立信任感和可信度〉中，我們討論到身爲主管，你必須建立員工對你的信心，這件事非常重要。如果你想成爲其他人想追隨的、強大的領導人，這個基礎是極爲重要的。下一步，就是運用這份信任感，執行你的願景，推動整個組織在商業上的成功。

我們在文中會使用「影響力」這個詞，它代表你說服其他人，同時對組織決策、計畫和結果產生正面效應的能力。如果想在領導人的角色上獲得成功，你就需要嘗試新的方法和策略。要做到這點，需要說服公司其他人追隨、支持你的想法。此外，你還需要支持你的團隊，才能維持他們對你的信任，同時也協助他們爲組織利益所做的工作。

你可能認爲，有目的地刻意追求影響力會惹人厭惡，而且，你當然不希望被其他人視爲工於心計、善於操縱人心，一定要達到自己的目標。但影響力其實跟達成「你的」目標並沒有關係。而是經由其他人幫忙以及和他們合作，協助你的組織，創造出正面和有生產力的成果。

要做到這一點，首先，你要了解自己的力量基礎；然後，你便能加以運用，來強化自己和同儕的合作，在組織中跨部門協同合作，影響你的上司，並提倡自己的想法。

## 職位權力 vs. 個人力量

影響力是兩種力量的組合。身爲經理人的角色，自動賦予你在組織中的職位權力（positional power），也就是來自工作職責和職銜的權力，像是聘用和解雇員工，或是批准預算的能力。在過去幾個世代，企業文化較強調經理人的職位權力，而且，當時大家都認爲，如果你要求直屬部屬做某件工作，他們便會毫無疑問地執行。不過，隨著階層制度逐漸轉變成較扁平的組織，協作網絡也變得更鬆散之後，就不能只依靠自己的職銜來完成任務。身爲經理人，你需要透過其他人，像是能執行你願景的直屬部屬、能從旁支持你願景的同儕，以及在組織高層決定你願景成敗的管理團隊，來完成你的工作。如果想要獲得他們的支持，就要採取不同的做法。

想在指揮系統的上上下下都發揮影響力，你還需要培養社會資本（social capital），有效運用你的個人力量（personal power）。關係、聲譽、互惠、機構知識，以及非正式的專門技術：這些社會資本，都代表你在組織中創造的所有信任、價值和善意。舉例來說，當你增加組織的利潤，或是幫助團隊確保優渥的年終獎金時，便是爲你的上級和直屬部屬創造經濟價值。往後，如果你想要他們支持一項新計畫，他們就更有可能會採納你的計畫，運用他們自己的影響力，來支持你的領導。你過去的成功不僅創造了善意，也贏得尊重。

如果你在組織中維持強大的關係網絡，而且支持其他人的重要計畫，就會被視為有價值的盟友。領導力教練麗莎．賴指出，你可以培養下列這些關鍵習慣，逐漸累積自己的社會資本：

## 採取行動與解決問題

為你的組織，還有直屬部屬、同儕和主管，找到實際問題，並加以解決。找出讓組織變得更好、更聰明、更迅速的機會。提出建議，讓你的員工、顧客，或是合作伙伴產生具正面效益的具體改變。

有下列這些跡象時，你更要加強採取行動來解決問題：

- 你通常都會忽視問題，直到問題消失或變成常態。
- 你較常想到因應機制，而不是解決方案。
- 你很難把抱怨轉變成待辦事項清單。

## 當個有團隊精神的人

即使最後決策不是你的選擇，你還是應接受改變，努力交出最佳的可能結果。就算沒有人在旁觀察，你還是要努力工作。

有下列跡象時，你要加強自己的團隊精神：

- 有人提出新的做事方法時，你最主要的反應是恐懼或煩惱。
- 在你反對某個流程，因此覺得那個流程產生的結果跟自己沒有關係。

## 提出周延的意見

深入而全面地了解你的業務，以及公司的權力結構。除了說話以外，也要多聆聽。有意見時，提供建設性的觀點。

有下列跡象時，你要加強提出周延的意見：

- 你不確定自己的想法，因此當下並未貢獻想法。
- 你事後因自己沒發言而自責，或是責怪別人打斷你要說的話。
- 經常改變自己的想法。

## 幫助其他人獲得成功

你應該支持你的上司，承認他們的權威。同時支持和尊重你的同儕，就算你不認同他們。提供機會給其他人。避免在背後說公司、領導階層，以及顧客的壞話。

有下列跡象時，你要加強幫助其他人獲得成功：

- 你隱瞞組織內其他人，不讓他們獲知資訊和機會。
- 你優先考慮讓自己看起來成功，而不是促進同事的成功。

- 你對其他人的職涯發展漠不關心，因爲認爲不會對你產生很大的影響。

## 尊重他人

尊重你的同事。你的態度要直率和誠實，並樂於接受指導。學習跟他人好好合作，包括你其實不太喜歡的人。有效管理衝突，不要過度負面。

有下列跡象時，你要加強尊重人：

- 一直以來，你在辦公室都有敵人和對手。
- 你通常會對別人過去的錯誤耿耿於懷。
- 如果不喜歡某些人，你就會不尊重或忽視他們的專業能力。

## 展現誠信

在不洩露機密的前提下，盡量跟其他人分享你能分享的資訊。除非眞的必要，應該避免攻擊其他人，而且只有在事關重大時，才使用職位權力。不要讓其他人霸凌你，要爲你相信是對的事情挺身而出。

有下列跡象時，你要加強展現誠信：

- 即使知道自己不該這麼做，你還是分享了別人的個人資訊。
- 你發脾氣，威脅在你權力之下的人。
- 讓別人說服你去做你不想做的事情。

這些策略有助於你強化關係，建立社會資本，都有助於你影響其他人的能力。

## 向上管理

無論你是要求加薪、爲團隊爭取更多資源，還是爲事業體擬定新策略，都需要對你的主管努力發揮影響力。他們是你職業生活裡的關鍵人物，有能力開拓機會、幫你和團隊連結有用的資源和關係、提供你建議，以及在組織高層支持你和你的團隊。如果你不能影響他們，最好的情況是你會覺得受挫，最壞的情況是你的專業能力不再受到重視。

你運用這種影響力時，是在反轉關係裡傳統的權力流（power flow）。這就是「向上管理」，也就是有意識地努力影響你主管的認知、意見和決定。爲了有效做到這一點，你需要了解主管的動機，以及會引發他們情緒反應的議題，爲你的績效設定彼此都理解的期望，而且順應他們的工作方式。

### 站在上司的立場思考

你必須從主管的角度，思考職業生活的模樣。他們的績效目標是什麼？未來的職業發展曲線爲何？哪些其他動機會影響他們的決定？他們目前工作上的主要痛點（pain points）是什麼？

其中某些問題你可以直接詢問，但其他問題就需要觀察才能釐清。你要留意哪些事會讓他們非常緊張，哪些情況會讓他們加倍努力，哪些工作最可能讓他們大事小事都要管。

了解你的上司是因爲哪些誘因完成工作的，可以幫助你確保自己的想法，大致上跟他們的需求一致。然後，你就能凸顯你的構想對上司和組織的價值。

## 討論期望

要成爲一個對主管有影響力的人，你需要知道他們對你的期望，你們會如何一起工作，以及你能做哪些事情，來確保彼此互動順利。在你當初接手新工作進行的「傾聽之旅」，可能已蒐集某些資訊（見第 4 章〈成功的自我定位〉）。不過，如果你還沒跟上司討論過策略展望和期望，現在就是做這件事的好時機。你可以提出下列這些問題：

- 「目前你在組織裡的主要目標是什麼？我如何支持這些目標？」
- 「你比較喜歡跟你管理的人用什麼方式溝通？你希望我如何跟你分享資訊或最新情況？當疑問或問題發生，我該用什麼方法跟你報告？」
- 「過去，你跟某位直屬部屬的合作非常順利，你認爲，那段關係如此成功的原因是什麼？對你來說，在你管理的人身上，哪些行爲或習慣眞的很重要？」

考慮上司的其他關係，也很有幫助。了解他們的盟友和競爭對手是誰。觀察他們跟其他人的互動情形。他們相處得最融洽的是什麼人？哪些工作習慣讓他們最煩惱？贏得和維持他們長期信任的最佳方法是什麼？在這種情況下，知識肯定就是力量，所以，你必須坦誠面對他們可能會對你抱持的看法。你了解的愈清楚，你與他們的方向就可以愈一致。

蒐集這些資訊，會協助你更成功地達成他們對你績效的期望。但如果他們的期望不合理，或是他們主動干預你達成結果的能力，你可能也需要管理他們的期望。如果你需要挑戰他們的要求，仔細思考下列議題，爲彼此對話做好準備：

- 你想跟主管溝通哪些具體的期望？你如何將自己關心的改變（例如，更改最後期限），以及「他們」會高度重視的其他事物（例如，擴大工作的範圍或符合更高品質的衡量標準）連結在一起？
- 你如何把自己的提議，跟主管的目標連結在一起，而且表明你把那些目標當成優先事項？爲表達誠實和誠意，使用你已知道他們會有最佳反應的信任建立策略，例如，詢問他們的意見：你的提議可能如何更滿足他們的需求。

### 順應上司的工作風格

當你讓日常的互動盡可能沒有摩擦，在重要議題上就會更有機會影響你的上司。依照他們的方式，調整你的工作風格：他們喜歡簡短，還是長時間的談話？他們喜歡在初期就參與決策過程，還是喜歡評估最後建議方案？他們覺得什麼樣的證據具有說服力？任何時候，他們願意給予多少時間和注意力？他們依賴你提供哪些特殊的專業知識或技能？他們對辦公室生活應如何進行，比方說，如何主持會議、寫電子郵件，或是安排工作空間，有哪些特殊的個人偏好？你要盡可能主動調整自己去配合。

爲了跟主管合作，並影響他們，你需要了解並順應他們，以便讓工作關係維持正向，以及有效能。而且，這麼做也會讓你在組織中更廣泛增加自己的影響力。

## 跟同儕合作

你爲了完成工作，必須依靠許多你沒有權力管理的人。這些關係是建立在之前提過的原則，也就是說，影響力是建立在你的個人力量上，而不是組織的階層制度上。和那些在你指揮系統外工作的人協同合作，對你的成功極爲重要，需要你主動展現信任感、可信度，以及一致性。

讓這件事變得較困難的是，在許多情況下，同事跟你的優先事項會非常不一樣。你們的目標可能會不一致，有時甚至會完全相反：例如，你想要創造一項新產品，而它卻可能威脅到他們一項最暢銷商品的成功。

下列幾項方法，可協助你成爲整個組織中對同儕有影響力的人：

## 在組織內發展人脈網絡

許多經理人都迴避正式發展人脈網絡，因爲它似乎帶有參與政治活動和自我推銷的意味。不過，就像哈佛商學院教授琳達．希爾，在和肯特．萊恩貝克合著的《當個上司》（*Being the Boss*）中寫的：「如果不投入組織，並有效運用影響力，如果不投入政治的實際運作，便會限制自己身爲經理人的效能。」

這些堅實的專業關係，以幾種方式來支持協作。首先，它們讓你更容易取得資訊和提供資訊；你可以更清楚了解自己部門裡發生哪些事情，或是針對新想法徵求回饋意見。透過交換資源或分享專業知識，人脈網絡還可協助你把自己的小組，跟組織其他單位的連結變得更密切。此外，人脈網絡也讓你能以共同目標爲中心，來組成聯盟。

要打造這種人脈網絡，你需要尋找跟你關係融洽、對你發展有眞正利害關係的人。培養持續發展的合作伙伴關係，讓你能有可靠的互惠交流。這些都是有許多共同利益和合作歷史的穩定關係，不會在第一次請求對方支持之後就萎靡不振。

你在需要用到這些關係之前，先打造好這些關係，便處在更有利的位置，得以跟你網絡中的其他人合作，或是透過他們影響正面的成果。如果你認爲自己無法投入時間建立人脈網絡，就先考慮這一點：你負擔不起「不」投入時間建立人脈的代價。

## 把敵人變盟友

下面這些人，你聽起來熟悉嗎：你晉升時被忽略的競爭對手；缺乏安全感、每件事情都得確認自己是對的同事；公開鄙視你個人風格的同事。你的第一個想法可能是，避免跟這些人，以及他們會引起的衝突有任何瓜葛。無論是此人剛惹惱你，或是你們的利益眞的相互競爭且完全不同，還是有可能化解負面情況，以共同目標和利益爲中心，來改變你們關係的方向。從一對一的當面會議開始：或許在對方最喜歡的地方，一起午餐，或是在下午時喝杯咖啡，然後依循下列這些步驟進行。

1. **重新導向**。透過聚焦在你們「確實」擁有的共同點上，幫同事擺脫他們對你的負面情緒。例如，「聽起來我們好像都有過類似經驗，要逐漸習慣這個新角色。我眞的很佩服你處理這個轉變的方式。」對某些人，你可以誠實說出雙方關係爲何會緊張，以有利的角度重新詮釋你們之間的問題：「我知道我們看起來可能是對手，但我認爲，我們擁有相同的技能組合，觀點卻完全不同，其實是件很棒的事。你是唯一一個我在這裡可以一起討論 X 主題，而且確定會得到誠實和聰明回應的人。」

2. **彼此互惠**。你在要求別人給予之前，要先付出。向他們表明，你願意放棄某些同樣具體且立即可行的有價值事物。如果你承諾未來會支持，找出一項你現在就可採取的具體行動，來履行那項承諾。這麼做，可強調你想建立持續的關係，而不是只要求對方幫忙。

3. **理性說服**。就你認爲雙方可以如何合作、支持彼此和組織的成功，提出明確和理性的建議。你對關係有哪些期望？爲什麼這些期望對你的同事也合情合理？最後，向他們提出一個決策點：現在，他們會對這項協議做出承諾嗎？考慮把你的提議附上最後決定日期，讓同事了解這段新的關係，以及附帶的好處，是他們需要信守的承諾。一個簡單的方法，就是表示，如果在幾天內沒有收到他們的回覆，你會假設他們沒興趣。這會讓對方感到這場討論是急迫而重要的，而不需施加要求或壓力。

說服你的盟友支持或加入團隊，需要活力和機智，更不用說如果要說服你的敵人了。但這一切努力都值得；畢竟，你會這麼做，並不只是爲了交朋友和累積權力，雖然兩者都可能因此發生。你在同儕關係中所發展出來的影響力，大大有助於擴展你在自己單位以外的領導力，有利於你形塑整個組織一起工作的方式。最成功和晉升最快的領導人，和他們同儕之間擁有堅實、協作，以及相互尊重的關係。

## 打破部門壁壘，達成高效能

跟「其他」單位同事有效合作也非常重要：它可以幫助你獲得資源和支持，以便完成工作、交出更好的成果，以及影響組織整體方向。它還可以讓你整個組織上下都更有效能：例如，你協同合作開發新產品時，就不需各自重複相同工作；或者，你也可以展開計畫推行全公司某項流程的標準化。這是你建立信任感和可信度的作爲，是眞正開始爲你這位領導人帶來報酬的地方。

不過，管理這些協作可能會相當有挑戰性，尤其是如果你在一家各單位或系統都獨立運作的公司工作。同儕不一定認識你，所以你還沒有機會贏得他們的信任。而且，更重要的是，他們的正業文化、優先事項、目標和激勵誘因，可能都和你不一樣。下列這些方法，可以讓你的作爲協調一致：

### 找出關鍵成員

如果你負責和不同單位的人協作，應該投入一些時間了解他們，還有「他們的」利害相關人是誰。大家對他們在組織中的看法如何？還有哪些人擁有相關的職位權力？誰對你最終想說服的人擁有個人的掌控力量？目前發揮作用的個性問題是什麼？如果他們覺得你侵犯他們單位的領域，誰可能會破壞你的作爲？不要害怕讓這些人參與你的對話；他們如果不屬於團隊，會帶給你更多麻煩。你要願意認可組織中其他有影響力的人，並聯合他們的力量一起合作。

## 了解他們的激勵誘因

確認這個團隊的動機，與你試圖推動的改變是一致的。了解其他團隊成員的績效目標，尋找可能跟你提議計畫會發生衝突的領域。考慮你要如何減少這些衝突。有其他你可以運用的激勵做法嗎？如何給他們的專案提供物質協助或資訊？如何提供地位、尊重，或是自豪感這類無形的支持？能見度和參與策略計畫，都可以產生有說服力的效果。

## 挪出時間進行協作

你可以爲團隊設立明確的成員資格和使命，讓你的計畫更爲成形：「我邀請所有工程與人力資源主管一起開會，我們就可以討論大家都面對的一項問題：如何改善我們員工的多元性。」如果你是跟自己指揮系統之外的人協作，那麼就讓這些會議維持非正式、不引人注意，或是尋找一位會批准你做法的較高層盟友。無論情況爲何，都要讓人們知道你重視他們的意見，非常期望跟他們在這項計畫上協作。

### 養成談判心態

你的跨部門團隊個別成員，可能並沒有共同目標，但你們一定有某些共同點。聚焦在興趣而非職位上：對你的競爭對手來說，最重要的是什麼？不要過度專注在你「不能」爲他們做的事情；發揮創意，想想你「能」做哪些他們可能會重視的事情。他們能提供什麼有利的價值？他們有哪些你從來沒有考慮過的好想法？

在這些情況下，除非絕對必要，你要避免使用職位權力。如果想要確保別人的興趣和協作意願，個人力量可能會有更大的影響力。

## 向其他人推廣你的想法

我們討論過如何獲得和運用個人力量，成爲你組織裡具有影響力的人。影響力的運作方式，就是要了解自己溝通對象的觀點。同樣地，你想爲特定想法、計畫或商業提案，提出自己的論點時，相同的說服原則也一樣適用。

第一步：決定要訴求你溝通對象的感性或理性，哪一項會更有效。這裡的「感性」代表他們的情緒中心，塑造他們態度的希望、恐懼和記憶。另一方面，訴求人們的「理性」，是直接跟他們的理智能力對話。雖然感性和理性都是說服的重要目標，但最好只使用其中之一，來建構你的初步討論。如果你已盤算好，是邏輯還是情感訴求最有效，盡可能精準針對那個溝通對象來調整自己的論述，這會讓你最有說服力。

你應聚焦在兩項問題上。首先，「你要討論的議題，跟溝通對象個人的關係有多密切？」如果你正在討論的主題，跟他們的身分或既得利益密切相關，你應該要準備，他們的情緒反應會強烈到可能連他們自己都不了解。你會需要努力處理這個反應，或是至少降低敵意，讓他們回到你的觀點，所以，你要準備好訴求他們的感性。另一方面，如果這個決定對他們沒有太多利害關係，或是他們很能控制自我，便可能對直接進行理性推論做出良好反應。

其次，「你在決策過程中位在哪裡？」如果目前位在積極的決策點，而且試圖贏得支持，就要盡量訴求邏輯理性。如果試圖徵詢初步的興趣，或是在事後獲得支持，感情就會是更好的目標。

在評估時，避免對性別或部門以偏概全。不要遵循長久以來的偏誤；比方說，女性比男性更情緒化，或是財務人員只對客觀、可靠的事實有反應。

想知道一些更具體的情境，見表 5-1。

一旦知道自己要針對溝通對象的感性或理性，就可以跟著調整自己的論點。

## 贏得感性面

你可以引發溝通對象的情緒反應，來支持你的論點，方法為：

## 論點要跟個人息息相關

你的論點需要「引子」：一個針對聽衆關心的議題，直指核心的起始想法。這對他們有什麼好處？你的提議會排除什麼樣的挫折，會引起什麼樣的興奮？直接跟人們溝通，而且在談論到對組織的整體利益時，你要調整訊息，強調對他們最重要的事情。例如：「我知道大家都擔心工作是否還有保障，因為我們公司正在尋找買家。我提議的計畫，會讓我們整個單位變得對組織，還有對任何買方都更有價值。」

## 明確點明重大情緒

恐懼、憤怒、背叛、自豪、企圖心和歡樂，這些感覺的來源都極為個人化。如果你的聽衆會抗拒改變，是因為他們害怕嘗試新的事物，你可以承認那種情緒是合理的，然後減輕可能的影響：「改變我們做事的方法，會讓人心生恐懼，因為我們都必須學習新的事物，冒著失敗的風險。但我們都在同一條船上，可以一起學習，並在犯錯時互相支持。」

## 說故事

故事能賦予你的想法生命。故事透過個別聽衆可以理

| 表 5-1 贏得員工的感性或理性 | |
|---|---|
| **在下列情境時，訴求心靈……** | **在下列情境時，訴求心智……** |
| ■ 你正在介紹新想法，並試圖激發興趣。 | ■ 你正在跟那些不會因你必須說的話，而需負起部分個人責任的人對話。 |
| ■ 你想提高績效或承諾的標準。 | ■ 你正在簡報對決策背後的事實進行修正。 |
| ■ 你領導的團隊，目前正努力克服不和諧或衝突。 | ■ 你需要解決一連串高度複雜或技術性的問題。 |
| ■ 你提出的概念，會擾亂或破壞聽衆的自我意識。 | ■ 你想幫助一個不勝負荷的團隊、不要再過度分析，清楚看清局勢。 |
| ■ 你正在跟情緒高漲的人對話。 | ■ 你試圖改變先前決定事項的方向。 |
| ■ 你需要為自已做出的決定爭取支持。 | |

解、扣人心弦的情節和角色，吸引你溝通對象的注意，引發強烈的情緒。故事也能簡化複雜的概念。《伊索寓言》裡的故事〈狼來了〉（The Boy Who Cried Wolf）就是個好例子。這個故事的寓意，是跟說謊要付出的代價有關、相當微妙的概念。它並不是呈現說謊不好或不管用，而是說謊會在日後傷害我們，那時別人已變得不相信我們，即使我們說的是實話也不相信。但每個聽到這個故事的人，在直覺和情感上都知道這個故事的意義。好故事會停留在我們的腦海裡，因爲故事迫使我們自行從中找到意義。

## 使用隱喻和類比

隱喻（metaphor）代表形塑人們日常認知和行動的總

體世界觀，比方說，「商業就是戰爭」。類比（analogie）是包括「像是」或「有如」這類詞的比較：「完成這項計畫，就像是在暴風雪中爬山。」你可以同時使用這兩項修辭工具，給人們一種全新的生動方式，來思考熟悉的概念。好的隱喻或類比，就有如閃電一樣照亮你的觀點，但無需過度解釋，或是巨細靡遺地說明你的重點。

## 贏得理性面

如果你選擇聚焦在論理邏輯的策略，嘗試下列這些手法：

### 提出令人信服的證據

多樣化固然讓人印象深刻，但你需要聚焦在溝通對象最可能關注的那些證明上。關心專家背書認可的聽眾，會喜歡證言推薦（testimonial），而統計數字適用在工作上使用數字，或是想以量化方式理解全局的閱聽眾。資料圖像（data visual），像是幻燈片、活頁掛圖、剪輯短片，或是產品樣本的效果，可能非常強大，適用廣泛閱聽眾。

### 提出不尋常而引人注意的問題

問題會引發聽眾的注意力，邀請他們以一種可控制的方式，對你提出的觀點作出貢獻。「令人不安的問題」（disturbing question）把人們的注意力，聚焦在他們最迫切的問題上（「我們在上星期的軟體故障事件裡損失多少銷售額？」），而「誘導性問題」（leading question）會影響聽眾如何詮釋事實，以及他們記得哪些事情（「你難道不認為，如果有機會的話，我們的競爭對手會做X？」）。至於「修辭問題」（rhetorical question），是強力說服聽眾接受你提出的建議（「你願意冒著我們會再次顯得如此不專業的風險嗎？」）。

當你對一個人或想法接近的小組，提出自己的想法，決定要訴求感性或理性就相對容易。然而，當你要試圖說服擁有多元觀點的團隊時，就會面臨更大的挑戰。在這種情況下，最好的辦法，就是簡短討論你試圖解決的問題，以及你的解決方案，會如何協助企業、你的員工或你的顧客。接下來，依照會議室裡的不同觀點，適當調整訊息。舉例來說，你可以同時訴求理性（「如果你想知道，為什麼這個問題扣人心弦，讓我跟你分享資料」），以及感性（「對於想知道這對我們員工代表什麼意義的人，讓我告訴你們一個它如何在行銷上影響法特瑪的故事」）。如此你便成功訴求溝通對象的感性。

不論採用哪一種方法，在這項過程開始時，你的思慮如果愈周詳，成效就會愈好。

## 考慮與評估

你影響其他人的能力，大多取決於你對他們不同觀點的理解，以及你是否願意接觸與了解他們。無論你是向董事會簡報一項提議、試圖說服你的上司認眞對待你，還是跟團隊的同儕或整個組織合作，都要考慮自己的行爲，會讓其他人有何感受，並評估你可以幫他們解決什麼樣的問題。這種成爲你組織中有影響力的人的方法，可以產生正面、高效能，以及持久的關係。

## 重點提示

- 影響力是兩種力量：職位權力（跟你的職銜有關）和個人力量（跟你的社會資本有關）的組合。
- 你要向上管理，因爲上司是你職業生涯裡的關鍵人物。他們可以爲你開拓機會和支持你，如果缺乏他們的支持，你便會受挫。
- 要成爲組織裡對同儕有影響力的人，你要發展一個人脈網絡，可幫你獲得資訊、分享專業知識，並組成聯盟。
- 跟跨部門的同事合作，可能會特別有挑戰性，因爲他們的文化和優先事項，可能和你的不一樣。
- 爲了向其他人宣揚特定的想法，你應考慮他們的觀點。

## 行動項目

**透過下列方式培養你的文化資本：**

- ❑ 幫別人解決小問題。針對平日困擾直屬部屬的特定問題，追蹤後續處理情形。幫上司代勞，減少他的待辦事項。
- ❑ 學習有關公司的新知識。請同儕解釋新的技術問題。向組織裡比你更資深的人請教，了解你的部門如何演變。
- ❑ 提供別人機會。要求某位團隊成員或同儕主持團隊會議的開場，或是要求某位主題專家來指導你的團隊。
- ❑ 給同儕支持。探索如何支持對同儕重要，並能促進商業成功的計畫。找到一種幫忙的方法。
- ❑ 投入時間拓展關係，建立和延伸你的同儕網絡。請求同儕提供少許時間，讓你有機會向對方學習、分享資訊或合作，以達成商業成果。運用特定機會，作爲你拓展關係，並建立連結的理由。

**在你需要向上管理的情況下：**

- ❑ 站在上司的立場考量。考慮激勵他們職業生涯的目標和壓力，以及你可以如何幫助他們成功。
- ❑ 澄清他們的期望。透過對話和觀察，釐清他們想和「你」建立哪種工作關係。說明你尋求的改變，會如何讓「他們」受益，以便協商有問題的期望。
- ❑ 調整自己順應他們的工作方式。藉由順應他們的溝通風格或決策過程等習慣，讓你們的日常互動盡可能順利。

**如果你需要說服別人，你應該在討論之前先評估，是訴求溝通對象的情緒中樞還是理性層面，會讓你最成功：**

- ❑ 為了贏得感性面，你要讓自己的論點跟溝通對象息息相關，而且讓它直接觸動情緒。你應該說故事，並運用隱喻和類比。
- ❑ 為了贏得理性面，你要提出令人信服的證據，並透過提出正確精準的問題，推動溝通對象投入論理過程。你應該訴求支持你論點的邏輯。

Management

M

要找到身爲領導人的聲音，
你需要學習一套修辭技巧和行爲。
要讓會議有成效，
你要能引導出所有與會者的觀點。
不論是書面溝通或當面溝通，
你都必須維持溝通對象的注意力，
才能有效表達意見。

第 6 章

# 有效溝通

H B R

Communicating Effectively

要在當今狂亂失控的商業環境中成功擔任經理人，你需要掌握和維持員工的注意力。不論你是跟自己的團隊非正式對話、對一群同事簡報、寫電子郵件或報告，還是主持會議，你的想法都是持續在爭取溝通對象的注意力。這一刻，他們專心聽你分析第三季的財務情況，下一刻他們就想著必須回覆的電子郵件，或是孩子的感冒鼻塞。

當我們位在溝通流程的接收端，渴望收到以眞誠的聲音，表達令人信服、具體且簡單的資訊。要創造這樣的溝通，不論是書寫或演說，也不論是以備忘錄、簡報，或是會議的形式，都需要審愼的規畫和準備。

## 發現你身為領導人的聲音

我們習慣認爲，卓越超群的溝通者擁有一種特殊魅力、一種言行或書寫方式，讓他們聽起來有權威感。瑞士洛桑大學（University of Lausanne）研究人員約翰·安東納基斯（John Antonakis）、瑪莉卡·芬利（Marika Fenley），以及蘇·李契提（Sue Liechti）研究數十位企業領導人的魅力，結果發現好幾項身體和修辭的手法有通用效力；這些手法非常有效，在某項研究中，讓觀察者對領導人能力的評等提高了 60%。

但領袖魅力並不是有些人具備、有些人不具備的神奇特質。任何人只要學會下列這些研究人員確認的行爲，都有可能成爲溝通大師：

- **有活力的聲音**。單調的聲音聽起來冷漠，所以說話時要改變你語音的聲量。用你的聲音表達情緒，說話要有適當的節奏。說話時停頓一下，可創造戲劇性效果，傳達對周遭環境的控制感。
- **臉部表情**。目光要和聽衆接觸，讓他們看到、同時也聽到你的熱情。你不會想讓「每一種」情緒反應都透明可見，例如，展現憤怒就極少是個好主意，但微笑、皺眉、關心，以及愉悅這類情緒，全都傳達了你人性化的一面。
- **手勢**。你的肢體語言，可以強調說話的重點。例如，緊握你的雙手，表明「合作」、「整合」或「團結」。或者，展開你的手掌，展現「公開」和「透明」等概念。你可以在鏡子前練習自己的肢體語言，實驗自己的手勢字彙。
- **表達道德信念或共同情緒**。社會學家早就知道這樣的道理：肯定共同的信念和經驗，可能會非常激勵人心。當你跟團隊成員省思他們的價值觀或想法，便啓動這些團結和興奮的原始感受。以這些連結點爲核心，來建立你的論點。
- **對比**。這些手法相當容易學習和使用：像是「並非、而是」（Not this—but that），或是「一方面、另一方面」（One the one hand—one the other hand）

的某些變換說法。這類形式自然創造戲劇效果，而且讓我們喜歡二元性（duality，又譯做「對偶原理」）的大腦覺得愉快。

- **三部分清單**。的確，三是個神奇數字：它表現出一種模式、帶給人完整的印象，而且容易記住。當你談到一段論述的戲劇性高點，尤其是呼籲大家採取行動，即可使用這項技巧。

但這些技巧如果要發揮作用，還需要整合到你的自然表達當中。除非注入自己的口語表達風格和身體習慣，否則一連串像機器人一樣的手勢，以及三部分清單，都會一敗塗地，更別提要傳達你的價值觀和經驗了。特別是跟一群已經認識你的觀眾，例如你的團隊簡報時，要記得你「在台上」展現的人物印象，需要和他們在休息室裡認識的領導人凝聚在一起。為了讓你的自我呈現（self-presentation）更接近一致，自問下面的問題：

- 在什麼情況下，你覺得溝通會最自在？你如何調整自己在那個情境裡使用的手法，把它更廣泛應用到其他情境中？
- 目前，你在工作上表達自己的哪些真實部分遭遇到困難？例如，或許你「覺得」自己對工作充滿熱情和自信，但在會議中並未展現出這樣的行為。如何在這些技巧中，幫你更清楚表達自己的那個部分？

練習使用這裡概述的手法，直到你找到最適合自己的方式，讓你在別人面前感到自然，也最令人信服。

身爲新領導人，你可能會覺得自己還沒有找到眞實的聲音。但當你努力理解哪些事物對你身爲領導人很重要，以及你在其他人面前想要如何展現自己時，便會開始發展出你自己的聲音，來溝通和影響其他人。

## 掌握書寫文字

許多和你一起工作的人，可能幾乎完全透過你書寫的東西來了解你，包括電子郵件、報告、提案、簡報內容到簡訊、即時訊息和社群媒體發文。但用這種溝通形式，你只掌握少數幾項工具，來掌握和維持他人的注意力：你不能傾身向前或用手勢強調重點。這就是爲什麼良好的寫作不只是文法和用法，也包括結構、清晰度和聲音。你不需要成爲專業作家才能達到這個效果；相反地，你只需要在構思和修改自己的文字時，採取下列步驟。

### 第 1 步：準備

在開始書寫之前，你要知道自己想說什麼。你是在爭論某個特定想法或觀點嗎？你是在提供討論的背景情境嗎？你是在記錄一個內部流程嗎？在《哈佛商業評論商業寫作指引》（*HBR Guide to Better Business Writing*）中，寫作與用法專家布萊恩．賈納（Bryan A. Garner）建議，把你的三大要點寫成完整的句子，盡可能清楚說明你的邏輯。

這麼一來，在你開始寫作時，便已知道自己想傳達的想法，以及會提出的支持論點。

在這個過程的早期階段，你也應開始考慮你的溝通對象。他們對你的主題已經了解哪些部分，會有什麼問題？你的溝通對象是內部還是外部？他們會反對，或是跟你的想法一致？他們會只想要標題、詳細的綱要，還是兩個都要？選擇一項組織內容的原則，讓你的想法盡可能讓溝通對象覺得容易了解（見表 6-1）。

一旦你選擇組織原則之後，擬出一份大綱，把你的想法和支持論點依序排列。對簡單的電子郵件來說，這樣的做法可能會讓人覺得殺雞焉用牛刀。但你愈常練習這個過程，會愈明白就算是最簡短的書面溝通，若能做好準備和用結構化的方法，你都會從中獲益。

## 第 2 步：寫下你的初稿

你不需要在大綱的開頭就開始寫作。把你的大綱放在面前，開始寫下你覺得最自在的段落或題材。完成這件事之後，選擇下一個你覺得寫起來自在的項目，然後依此類推。定期暫停下來，比較你的草稿跟計畫。許多寫作者把介紹引言留到最後才寫；一旦你知道自己的結論之後，構思吸引讀者和有效的開頭段落，通常就會更容易一些。

賈納建議，你應該盡快寫好初稿。「你的句子長度會比慢慢寫的情況短一些。」他說：「你用的成語會更自然，

## 圖表 6-1：寫作的系統化方法

| 如果你在書寫： | 考慮使用這種組織方法： | 具體做法： |
| --- | --- | --- |
| 可行性研究、研究結果和規畫報告 | 比較和對比 | 評估兩種可能性的優缺點 |
| 適用超忙讀者的任何類型內部文件 | 重要性順序 | 把最關鍵的資訊放在你的文件開頭 |
| 追蹤一系列事件的文件 | 依時間先後順序 | 按照事件發生的先後順序列出事件 |
| 說明指南或用戶手冊 | 流程和程序 | 描述誰在何時做了什麼事 |
| 差旅報告、機器說明文件和研究報告 | 空間安排 | 一次描述主題的一個層面 |
| 工作訂單、訓練教材和客戶服務信函 | 從具體（特定）到整體（一般），或是整體（一般）到具體（特定） | 從讀者已熟悉的特定或一般概念開始，然後轉換到對他們來說，是新的特定或一般概念 |
| 技術報告、年報和財務分析 | 分析式 | 擬定假設，透過提出問題加以測試 |

資料來源：改編自《哈佛管理導師》（*Harvard ManageMentor*）的〈寫作技巧〉。波士頓：哈佛商學院出版社，2016 年。電子書。

你的草稿應該很快就開始成形。如果寫作有個令人痛苦的部分，就是寫下初稿。當你縮短這段時間之後，就不會那麼痛苦了。」

### 第 3 步：編輯你的草稿

草稿一旦完成，盡可能先擱在一邊。維持一定的距離，有助於你發現自己的論點，在哪些地方過度著重細節、偏離主題，或是猶疑不決。

當你充滿活力再度開始審閱自己的草稿，應檢視你是否以合乎邏輯、重點分明，以及表達清晰的方式，提出自己的想法。你是否清楚陳述主要訊息？你是否清楚表達任何行動項目？你的資訊是否正確？《大西洋》雜誌（*Atlantic*）長期編輯暨專欄作家芭芭拉·瓦爾洛夫（Barbara Wallraff）建議，當你重讀草稿，應該問自己：「我對這篇草稿的內容有什麼看法？我對這位作者有什麼感覺？」

除了草稿的內容之外，也應檢查自己的寫作風格。現在，正好是修改作品的時候了。你的目標，是完成簡單明瞭的易讀文字：

- **句子維持簡短**。你的觀點會因太多複雜子句而失去重點，所以應該把它們分解成單獨敘述。而且，要避免用不需要的字詞加長文本。
- **留意過於正式的文字**。如果你的書寫做作不自然，讀者會無法專注在你的論點上，甚至完全喪失理解的意願。
- **使用較簡單的單字**。「徹底轉變」（transmogrify）並不是表達「變化」（change）更好的方式。跟一般人想法相反的是，選擇使用複雜的單字，並不會讓你看起來更聰明。
- **避免重複**。「我對這個令人興奮（exciting）的機會感到興奮（excited）」，這看起來草率。掌握這些問題的最佳方法，就是暫時把你的作品先擱置一陣子，之後再回來檢視。

- **創造強大的模式**。如果你在文件開頭介紹A、B、C的想法，不要在後面稱它們為C、A、B。同樣地，條列句的形式要類似；如果前三個要點是完整的句子，要確保第四個要點也一樣。
- **校對文法和用法的錯誤**。「影響」（affect）相對於「效果」（effect），主詞和動詞必須一致：不要讓讀者看到你犯下這些常見但令人尷尬的錯誤。在你的電腦上保留參考書籤，例如，在HBR.org上，米農・富佳提（Mignon Fogarty）發表的〈避免常見寫作錯誤的快速指南〉（A Quick Guide to Avoiding Common Writing Errors）。

雖然我們一直都在寫電子郵件，但要精熟電郵，是一種特別棘手的寫作形式；如果你需要特別建議，見邊欄：〈如何寫電子郵件〉。一旦你對自己的草稿感到滿意，應該也考慮讓同事看看。他們可以代表你想溝通的對象，因此可以提供回饋意見，告訴你哪些內容有效、哪些無效。

## 有說服力的簡報

簡報是一種混合形式的溝通，結合口頭演說、文字和圖像。簡報已成為一種標準方式，讓專業人員跟團體分享資訊，甚至跟個人分享資訊時，也用到更多的簡報。雖然這種形式的資訊量，似乎不像書面報告那麼密集，但準備

## 管理錦囊：如何寫電子郵件

寫電郵訊息時，應維持專業且簡短。

- **選擇黑色標準字型**。其他任何字型都不易閱讀，而且會讓別人懷疑你的專業度。
- **適當大寫和使用標點符號**。別用小寫的「i（我）」或忘了問號。商業寫作專家布萊恩．賈納表示：「如果後續還要解釋你想表達的意思，不如第一次就寫出清楚訊息，耗費的時間更少。」
- **主題列要簡短、描述重點**。這有助於你的電子郵件，在雜亂收件箱中受到注意，尤其如果是一項行動號召（例如：「準備星期五的會議」）的話。
- **迅速談到重點**。把關鍵資訊，像是你要求的事項、最後期限等，放在最前面。不要浪費文字

簡報其實更具挑戰性。圖像會跟文字競相吸引觀眾的注意力，而當簡報強調圖像，常會忽略結構和觀眾等重要的基本原則。

要創造有力的簡報，你要把投影片和整個簡報區分開

奉承收件人：「我可以請你幫個忙嗎？」比一整段的讚美和道歉更有效。

- **分解大段落文字**。人們不會閱讀冗長的電郵，所以你要修剪多餘文字，然後按下輸入鍵。如果可以的話，你應該把電子郵件維持在單一螢幕可讀完的長度。
- **發送電郵前要重讀和修改**。發送前記得修改拼寫錯誤，以及斟酌遣辭用句的機會。你的收件人名單如果愈重要或愈廣泛，就應該在這個步驟上花愈多時間。

資料來源：改編自葛蕾・蓋芙特（Gretchen Gavett），〈寫好工作電郵的基本指南〉（The Essential Guide to Crafting a Work Email,），HBR.org，2015年7月24日。

來。我們太常把投影片視爲最主要的活動，但你聲音的重要性，絕對不該落在螢幕之後。所以，結合這些形式的正確方法是什麼？

## 第 1 步：決定是否要使用投影片

投影片可成爲你跟觀衆溝通能力上的強大盟友。但投影片也可能破壞你的簡報，讓觀衆除了你本身以外，也分心注意到其他事物，所以要選擇性使用。在人數較少的非正式場合，最好使用白板或講義，不要使用大型發光螢幕。當你眞的要用投影片，先準備好關鍵訊息，再製作投影片。

## 第 2 步：構思描述

南希．杜爾特（Nancy Duarte）在 TED 演講會上和講者合作，以提升他們簡報品質。她這麼表示：基本上，簡報就是一種說故事的方式。杜爾特認爲，就像好的故事一樣，有效的簡報也有開頭、中段和結尾。在這個結構當中，它先陳述現況，也就是「觀衆理解的當前情形」，然後介紹引發興趣的新想法，來擾亂這個現況：「現在，顧客使用我們的服務，大多是爲了知道最新的天氣情況。但如果我們可以根據他們的需要，提供當地的其他資訊呢？」運用像這樣的開頭，安排一項接下來簡報會努力解決的衝突。

在簡報的中間段落，你可以透過反覆論證事物現在的情況與可能變成的情況，來詳細說明問題，以及你提議的解決方案。在杜爾特所描述的情境中，她想像簡報者會這樣繼續說：

「目前，我們的後端系統可提供氣象資料，但我們創建的基礎設施，能容納以類似方式整理的其他資料組，像是交通流量。然而，我們的工程團隊沒有發展這種能力的經驗。但我們已準備好招募那些曾參與過這類計畫的專家。」

當你在目前的實際情況，和另一個更好的未來之間切換時，便能創造出興奮和緊張（見表 6-2）。

簡報結束時，你要積極宣導自己的主張。不要用冗長的待辦事項清單來結尾，如果你在「後續步驟」之後還有十幾個要點，完全無法激勵人心。你要不是總結關鍵重點，提出令人信服的說法來訴求聽眾的理性，就是直接訴求他們的感性：

「在我們上一次努力於重大的拓展失敗後，我知道大家都害怕會再次失敗。但如果過去幾年我們學會了什麼事，那就是復原力。我們非常努力要重返榮光；終於，我認爲目前的一項計畫，能善用我們學到的所有心得。」

## 第 3 步：準備你的圖像

一旦你勾勒好整體敘述之後，就是開始製作投影片的時候了。你要記得「少就是多」（less is more）。人們應該要能在三秒鐘內理解一張投影片，這代表你需要積極精

## 表 6-2：有說服力的故事模式

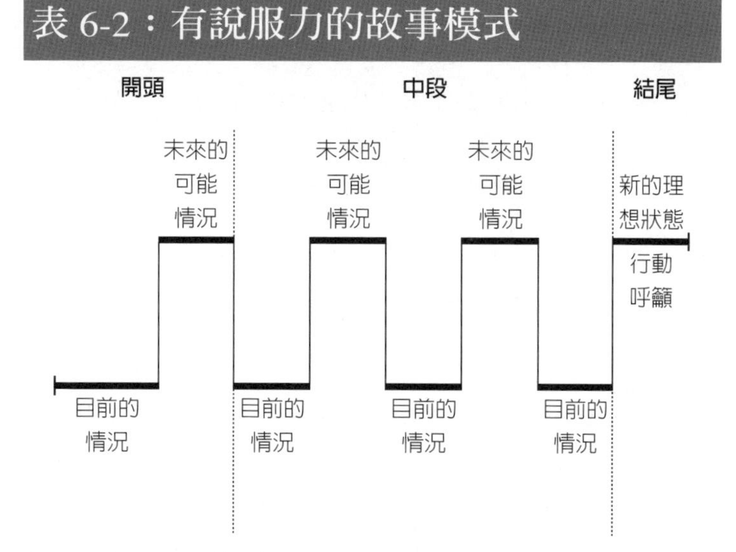


資料來源：南希．杜爾特，《HBR 指南：有說服力的簡報》（HBR Guide to Persuasive Presentations）。波士頓：哈佛商業評論出版社，2012 年。

簡內容。以下是杜爾特經實證的傑出投影片法則：

- **投影片≠談話**。不要讓你的聽眾看著你照本宣科讀出投影片上的內容；沒有比這種做法更可能失去他們的注意力了。不要把全部論點都呈現在一張投影片上。如果你選擇使用簡報筆記或講詞提示裝置，隱藏它們，別讓觀眾看到。
- **一張投影片一個概念**。人們一次只能處理單一資訊流。選擇能強化關鍵重點的文字或圖像，例如，一個說明關鍵隱喻的圖示。或是會協助觀眾記住簡報重點的文字，例如，一個時髦用語。

- **用便利貼製作故事板**。便利貼的小尺寸，會迫使你簡化簡報內容，而且很容易隨意調整順序。在你打開 PowerPoint，開始微調投影片格式之前，先用這個方法擬定完整大綱。
- **新奇的圖像**。腦力激盪提出圖像概念，愈多愈好。與其選某些缺乏新意和容易忘記的東西，最好挑選有點奇怪的隱喻或圖像。有關展現資料的小建議，見邊欄：「如何讓資料引人入勝」。
- **簡單易懂**。選擇大尺寸易讀的簡單字型。偶爾跳出的鮮豔色彩，可提升視覺興趣和概念重點，但不要讓美學表現妨礙閱讀。

## 第 4 步：表現得像專業人士

在你規畫好架構完善的簡報之後，準備好進行實際活動：

- **排練背誦**。不要逐字記住你的簡報內容；這樣聽起來不自然，而且缺乏趣味。要充分熟悉簡報題材，不論環境、技術和觀眾如何變化，你都能發揮正常實力好好表現。
- **擬定跟觀眾互動的計畫**。你什麼時候會聽取評論？如果有人打斷你簡報，或是不客氣地質疑，你會如何回應？如果有人問你一些沒有答案的問題，你會怎麼做？

## 管理錦囊：如何讓資料引人入勝

你如何迅速傳達資料的「意義」？

- **使用最少的必要資訊，表達你的觀點**。你不需要用數字讓觀眾不勝負荷；太多資訊會分散注意力，甚至令人生厭。
- **指示目光要注意哪裡**。運用鮮明的色彩和大標題，來凸顯關鍵資訊，幫助人們了解最重要的事項。
- **空出大量的空白空間**。這麼做，會讓你的資料看起來更清爽，而且讓觀眾眼睛在釐清你圖表結構的同時，有中性空間得以暫時休息。

- **遵守時間表**。你展現自己尊重觀眾的主要方式之一，就是準時開始和準時結束。如果你分配時間進行問答，或是其他類型的參與活動，就要遵守這項承諾。

簡報是面對現場觀眾的一場實況演出。你必須迅速思考，而且配合你的聽眾，調整事先準備好的題材。

## 主持有效的會議

雖然簡報和書面文字大多是單方向溝通，我說，你聽，會議卻需要與會者參與。你不只要管理自己的溝通，也要管理其他所有人的溝通。花一些時間準備，並追蹤後續發展，便能讓與會者持續參與，避免任何醞釀中的衝突爆發，確保大家聽到所有的意見，而且讓會議依照議程有效進行。

### 第 1 步：會議前先準備

退一步自問，你想在自己規畫的會議中達成哪些目標。你需要利害關係人做任何決定嗎？你是否會跟小組分享資訊？你的團隊會腦力激盪提出新想法嗎？一旦心裡有了明確目標，你便可擬定會議的議程。考慮在會議期間需要有哪些活動，以便達成你的目標，以及這些活動項目，應如何合理地依序進行。然後，爲每個項目指派一位領導人和一段時間。

你也可以決定請別人來正式協調推動會議流程。這個人會引導對話，處理會議前後的後勤準備事項，像是分發議程、打電話到會議現場的號碼，或是會議紀錄。額外的會議工作人員，可能包括記錄關鍵想法、不同意見、各項決定的人；確保會議依照議程進行的計時人員；你可以諮詢意見的專家。

當你規畫與會者名單，應該包括關鍵決策者、專家和利害關係人。讓你的重要與會者事先過目這份名單，以確保不會遺漏任何重要的人，以及沒有邀請任何無關的人。與會者的數量應取決於會議目標：一般的經驗法則是，如果你開會是爲了做決定，邀請的人數會比較少，如果是爲了腦力激盪，或是分享最新情況，邀請的人數就會比較多。

最後，你（或你的會議協調人）會需要準備後勤事項。確保會議室安排妥當，包括投影機連線和電話會議設備。事先分發資料，包括議程和任何必要的背景資料。

身爲忙碌的經理人，你會想省略爲固定或例行會議做的某些準備。如果想要人們對你的會議感到振奮，便需要事先做好準備，才能讓會議成效良好和深具意義。

## 第 2 步：主持會議

準時開會，首先解釋會議小組的目標，並介紹每個人的角色，例如會議協調人或計時人員。然後，針對你會如何主持對話，建立一些基本規則；比方說，你是否期望人們把他們的手機和筆記型電腦收起來、透過網路參與會議的人（虛擬與會者）該如何加入對話，以及誰是決策者之類的議題等。

隨著會議的進展，透過凸顯議程轉變、總結會議進度，以及強調重大決策或宣布，讓每個人都持續投入。如果有必要的話，當你超出議程預定時間，你可授權計時人員提醒你，或者你會打斷發言者，以便讓會議繼續進行。

然而，絕不該爲了會議的效率，而犧牲全體成員充分參與。詢問整個會議小組，「我們有沒有忘記任何事情？」

「任何人有不同觀點嗎？」你要有準備，讓發言過多的那些人停止說話，引導沉默的那些人發言。留意顯示有人想要貢獻意見的肢體語言，像是身體向前傾、迅速吸氣和眼神的接觸。如果會議期間有人完全沒有發言，你需要引導他分享想法。另外，你還要爲虛擬與會者提供口頭提示（讀者如果需要這方面的更多建議，見邊欄：「管理錦囊：如何主持虛擬會議」）。

當你準備好結束會議，要重複對話重點，包括：決策、接下來的步驟和人員指派，並檢查與會者是否都理解。然後，以鼓舞人心的訊息來結尾：「今天的討論很棒，非常感謝大家。我們完成了許多工作！」

## 第 3 步：追蹤後續進度

隔天寄出後續紀錄，總結團隊已完成的事項，並要求成員對未來進度負起責任。紀錄的細節，要維持較高層次：

- 你想要大家記住的決定或成果
- 誰負責接下來的步驟，包括你自己在內
- 附上這些行動項目的完成日期

把會議紀錄寄給所有與會者，以及需要了解情況的所有其他人。

如果在討論過程中，似乎有任何成員不滿意，你要個別讓他們了解後續情況，最好親自去做，好讓你可以當面討論他們的顧慮。你可能會得知某些從來沒在會議中出現的重要東西，或者，你可能會聽到對你的領導力有用的回

## 管理錦囊：如何主持虛擬會議

虛擬會議帶來特別的挑戰。虛擬與會者能否掌握會議即時現況？當你不在同一個會議室，要如何維持大家的注意力？領導力顧問暨研究人員啓斯．法拉奇（Keith Ferrazzi），提出在不拖延會議的情況下，創造強大群體認同感的最佳做法，如下：

- **盡可能使用視訊**。當我們可以看到彼此面孔，會覺得相互連結更強，也會更投入會議主題。透過觀察臉部表情，你也能感知跟團隊情緒反應和支持度相關的重要資訊。最低限度，你要考慮在分發的會議資料中使用照片，好讓每個人都對遠距虛擬與會者有個視覺概念。
- **要求團隊事先提供最新現況**。與其要所有人在會議上提供現況更新，你應該要求與會者事先針對重要議程項目，寄出半頁報告。你要明確

饋意見，而且，你會獲得對方支持團隊未來的工作。

## 愈溝通愈有力

從備忘錄到會議，能吸引溝通對象注意力的有效溝通，也有助於說服別人接受你的思考方式。不過，從長遠來看，好處要大得多。你溝通得愈有效，就會變得愈有影響力。

指出，每個人都需要審閱這些訊息和其餘議程，為會議做好準備。所有與會者來參加會議時，都應該眞正了解情況，準備好進行討論。

- **關掉靜音按鈕**。理論上，使用靜音按鈕是良好禮儀，因爲可預防干擾到小組其他人。其實，這麼做是允許與會者同時多工、一心多用，甚至在會議進行當中離開會議室。這樣的做法粗魯，而且可能對會議的活力和生產力造成嚴重影響。你也可以透過直接點名與會者貢獻意見，還是輪換計時者或會議紀錄人的角色，限制同時處理多項任務。

資料來源：啓斯．法拉奇，〈如何主持成效很棒的虛擬會議〉（How to Run a Great Virtual Meeting），HBR.org，2015年3月27日。

## 重點提示

- 要找到身爲領導人的聲音，你需要學習一套修辭技巧和行爲，並融入到你眞實的說話方式之中。
- 若能事先花時間準備和審閱，對所有類型的書面溝通都有好處，這麼一來，你便能以最令人信服和最專業的方式，來呈現自己的想法。

■ 製作簡報時，你應該分別考慮簡報投影片和簡報的重點內容。

■ 要讓會議有成效，你要仔細準備議程和邀請名單，並在會議期間引導所有與會者發表觀點。

## 行動項目

**找到身爲領導人的聲音：**

❑ 挑選一種修辭工具在對話中試用。在日常互動中，對比、三部分清單，以及道德信念或共同情緒的表達，似乎會更自然，至於隱喻、明喻和類比，應保留給更重要、更正式的討論。

❑ 選擇情緒高昂的對話，來嘗試新的手法。例如，當你在辦公室和直屬部屬做工作檢討，練習你的新技能，而不只是在停車場閒聊。嚴肅的互動，會給你更好的題材，在你說話之前，會有更多時間暫停下來，整理自己的想法。

❑ 觀察你自己說話。拍下自己說話的短片，作爲練習的一部分；這比光在鏡子裡觀察自己還要眞實得多。選擇某些像是現況報告的非正式發言，或是你爲過去簡報編寫的、更詳細的腳本。檢視短片，觀察你的臉部表情和手勢：你有多活躍？加強、改善一項特定的行爲，例如微笑，在當天其餘時間內，在你所有的互動中練習。

**當你需要寫些東西時：**

- ❑ 你可以用下面這個方法來準備：了解你「眞正」想說什麼（寫下三個句子），了解你的溝通對象是誰，以及決定組織內容的方法。
- ❑ 迅速寫下你的初稿。不一定要從開頭開始。
- ❑ 編輯時，應該審閱內容，修改風格，並檢查文法和用法。你的目標應該是簡化，而不是試圖讓人印象深刻。

**規畫簡報時：**

- ❑ 在打開電腦之前，先以敘述形式構思簡報。以開頭、中間段落和結尾來說故事。
- ❑ 決定是否要使用投影片。
- ❑ 準備你的圖像。使用便利貼故事板來構思你的簡報，並限制自己一張投影片只談一個概念。
- ❑ 事先練習，以便表現得像專業人士一樣。在簡報過程中，遵循你的時間安排。

**主持會議時：**

- ❑ 可用下列方式來準備會議：定義你的目標、擬定議程、邀請與會者、分派角色和準備後勤事項。
- ❑ 在會議期間，建立小組互動的基本規則，讓會議順利進行，並確保大家聽到所有的意見。總結與會者的成果和後續步驟，準時結束會議。
- ❑ 將會議紀錄寄給所有與會者，以便追蹤後續進度。徵詢批評人士，以便討論（和消除）他們的反對意見。

# Management

# M

你必須學會如何充分利用時間，
讓時間配合你的優先事項，
並預防混亂和壓力發生。
跟找到時間做工作同樣重要的，
是找到專注力，才能把工作做好。
而終極目標，
則是把工作與生活整合在一起。

第 7 章

# 個人生產力

H B R

Personal Productivity

身為個人貢獻者，你同時處理許多任務，表現卓越；這可能是組織選擇讓你晉升時，觀察到的事情之一。不過，許多新上任的經理人，都對他們目前要多負責的許多工作覺得驚訝：不只是更多工作，而是更多類型的工作，而且，每一項工作似乎都是第一優先。你需要策略性思考，規畫未來，還要每天把工作執行到最好。你可以感覺到，這些責任好像同時把你拉往一百個不同方向：「你看到我的電子郵件了嗎？」「我需要你接手這件工作。」「你能幫忙這件事嗎？」「下個會計年度你有什麼計畫？」「你什麼時候會回家吃晚飯？」

為了妥善安排你的時間和精力，以便滿足所有這些需求，必須管理自己的「個人生產力」（personal productivity）。這個詞涵蓋了許多事，包括控管你的行程表，到理解如何讓自己更有生產力、並放鬆心情的技巧等。在本章中，你會學到如何依照優先順序，管理需要你注意的任務、維持專注，而且防止壓力和工作掌控你的生活。

## 時間管理要領

你的時間非常珍貴。時間管理是一種有意識的做法，有助於確保你盡可能以最佳方式，運用所有可用的時間。你可能覺得不值得為此付出努力。但你的收穫，會告訴你值得這麼做。時間管理可以讓你觀察到自己的行為模式，開始做出調整，這麼一來，你就可以在正確的時間，完成正確的工作，而且變得更有成效。

### 第 1 步：了解現在如何運用時間

時間管理教練伊莉莎白．葛瑞斯．松德斯（Elizabeth Grace Saunders）表示，行程表就像是預算：除非你了解自己目前的消費習慣，否則就無法管理自己的資產。一開始，先記錄你的活動至少一、兩天，最好是一整個星期。使用時間追蹤或行程表應用程式，或是簡單的試算表，以半小時爲單位，記錄你的活動，以及任何重大的中斷事件。追蹤不在計畫之內的活動，例如，在會議進行到一半處理來電，或是在你原本應該準備簡報時，埋頭處理行政事務工作。

### 第 2 步：尋找模式

完成你的紀錄之後，把活動區分爲五到十個類別，然後記錄你在每個類別分別投入多少時間。你可以考慮下列這些類別：回覆電子郵件、規畫、處理危機、專案工作、管理員工、行政事務工作、放鬆時間，工作時完成的個人例行瑣事，以及專業發展等。

現在，分析你收集到的資料。你如何把自己的時間分配到所有這些活動上？跟危機和緊急事件相比，你在規畫上花了多少時間？相較於管理你的團隊成員，你在自己的專案工作上花了多少時間？當你看著自己的統計結果時，哪些事情讓你覺得驚訝？

現在，退後一步，問自己最重要的問題：「我的時間運用，符合我需要最優先處理的事項嗎？每項活動的相關收獲是多少？哪些活動跟你的核心職責緊密相關，哪些沒有太多相關？哪些時間投資對你個人和專業的影響最大？舉例來說，評估你是否在某項次要專案上花了太多時間，沒有足夠時間規畫未來，還有你一天當中是否有足夠的休息，來維持生產力。有沒有哪些你一直在做的活動，其實應該由別人來完成，或是根本不應去做？尋找你可能轉交給同事或直屬部屬處理的工作項目。

## 第 3 步：擬定以目標推動的總體計畫

檢視你的活動類別清單，根據你的目標和優先順序，爲每項活動類別分配時間。你必須在這裡做出明智的取捨，而且可能需要反覆練習幾次，才能做得正確。第一次分配時，問自己：「在理想的狀態中，我會花多少時間在這些活動上？」這些數字加總起來，每星期可能不到四十小時，或是六十小時。所以第二次分配時，問自己：「我能投入在這些活動上的時間，最少是多少？」盡量減少你花在低度優先事項上的時間；這麼做，可以空出時間處理更重要的工作。

然而，在平衡良好的行程表上，你最高優先事項，可能最後只占了你一小部分時間，這沒什麼關係。你目前的任務，只是在行程表上找到「足夠的」時間，來達成這些目標，如果每星期只需要五到十個小時，也沒問題。

## 第 4 步：執行你的計畫：時段限制

現在，是把指派給每個項目的時間，分配到行程表上的時候了。運用一種稱爲「時段限制」（time boxing）的技術，可以將你的行程表分解成幾個小段，然後在每段當中放入一項類別，分解爲各項任務（見表 7-1）。

先從檢視下一週開始：有哪些最後期限、會議和任務即將到來？在這個時段內，你需要繼續處理哪些較長期的事務？然後，優先處理那份工作清單。把截止期限即將到來的項目放在最前面（例如「準備星期三的簡報」），然後是目標導向的行動（「研究策略計畫」）。你會把這兩項工作，跟例行職責（「每週部屬會議」）安排在一起。你要注意這些任務所屬的類別。

接下來，爲每項類別分配一個特定時段。在每個時段中，列出你要完成的任務。隨著你的工作進度，計算在每項類別上花的時間，以便在第三步配合你分配的時間。

把這些時段放在實際的行事曆上，或是你追蹤自己會議的任何方式，以便你會像跟上司開會一樣，遵守自己的時段限制。

剛開始時，高估每項任務需要花多少時間，會比低估

## 表 7-1：時段限制工具

<table>
<tr><th colspan="3">星期一和星期二上午時間表</th></tr>
<tr><th>時間</th><th>星期一</th><th>星期二</th></tr>
<tr><td>上午 8：00</td><td>規畫<br>任務：準備星期三的預算簡報<br>實際耗時：</td><td>規畫<br>任務：研究策略計畫<br>實際耗時：</td></tr>
<tr><td>上午 9：00</td><td>規畫<br>任務：研究策略計畫<br>實際耗時：</td><td>專案工作<br>任務：追蹤新的銷售商機<br>實際耗時：</td></tr>
<tr><td rowspan="2">上午 10：00</td><td rowspan="2">管理部屬<br>任務：計畫把發票交給艾文處理<br>任務：審閱應徵行政助理職位的履歷<br>實際耗時：</td><td>管理部屬<br>任務：跟艾文開會談發票處理進度<br>實際耗時：</td></tr>
<tr><td>個人工作<br>任務：撥電話祝媽媽生日快樂<br>實際耗時：</td></tr>
<tr><td>上午 11：00</td><td>溝通<br>任務：回覆電郵<br>任務：回電話給阿薩納<br>實際耗時：</td><td>團隊會議<br>任務：每週部屬會議<br>實際耗時：</td></tr>
</table>

資料來源：《哈佛商業評論》，《管理時間》（*Managing Time*）（二十分鐘經理人系列）。波士頓：哈佛商業評論出版社，2014 年。

要好得多。但這項技巧如果要發揮作用，需要準確預估時間，因此，你要持續追蹤自己的行程表如何運作。你可以運用這些經驗，在下一次擬定更好的計畫。

## 找到專注力

就算你擁有完美協調的行程表，要管理自己的注意力，還是可能會遭遇困難。比方說，你需要處理一項重要任務，而且，你知道什麼時候必須處理，但你正在處理「上一項」任務時，收到了五封電子郵件。或者，你目前還有一個昨天的問題尚未解決，或是另一項專案明天就要到期。有某件新聞報導，你等不及想知道最新發展情況。一堆文件沒有好好對齊你辦公桌的邊角。

要找到專注力，你必須學習如何排除所有這些心裡的噪音，讓你可以專注在目前的工作上。這種注意力集中的效果，可能會相當強大。心理學家稱爲「心流狀態」（flow）：當你全神貫注在自己正在做的事情時，會忘了時間的存在。米哈里．奇克森米海伊（Mihaly Csikszentmihalyi）是心流狀態的研究先驅，他這麼描述這個概念：

「想像自己滑雪時滑下一個斜坡，你全部的注意力，都集中在身體的運動、滑雪板的位置、從臉龐呼嘯而過的空氣，還有身旁飛掠而過、被雪覆蓋的樹木。你的意識容不下衝突或矛盾；你知道，一個分心的念頭或情緒，就可能讓你臉朝下埋在雪裡。你滑得非常完美，你想要永遠滑下去。」

心流狀態同時提升績效和動機。你在這個狀態下，展現個人最佳表現，而且，你對自己的感覺也很好。但要達到這個狀態，你需要消除讓自己大腦分心的行為和環境線索。

## 預防打擾

通常，打擾會讓你注意力偏離手頭任務的時間，比你計畫的還要長得多。要再度專心很難：根據加州大學爾灣校區（University of California-Irvine）的研究，在被打擾之後要重新專心工作，可能需要超過二十分鐘的時間。

事先規畫，針對這些妨礙和誘惑做好準備。你需要專心時，關起門或掛上「請勿打擾」的標誌。關閉手機和電腦上的通知，至少針對電子郵件和聊天應用程式的通知。你可以考慮完全停用 Wi-Fi，或是使用在指定時段內封鎖某些網站的服務。你應該測試不同的手法，而且別害怕告訴同事你要做的事：「今天午餐過後，我要準備預算簡報，所以 3 點前我會關閉電子郵件。」如果你受到打擾，你要知道如何拒絕請求，或者，如果需要重新開始工作，你要知道如何結束對話（見邊欄：「管理錦囊：如何保護免受打擾的時間」）。

## 整理空間

如果你的環境雜亂無章，就會浪費珍貴的時間，尋找完成工作所需的材料。另外，當其他物件或職責引起你的注意，你也會更容易分心。可以透過下列方法，讓辦公室有助於集中注意力：

### 消除雜亂

如果你的工作空間眞的一團亂，應該安排一段時間清理。哪些文件可以歸檔？轉交給其他人？或是丟掉？一旦完成最初的清理，應該培養在新舊任務轉換時，把辦公桌整理乾淨的習慣。

### 把需要的東西固定放在隨手可得之處

把你每天都會使用的東西放在桌上，比方說，特定的筆記本、一本便利貼，還有你的耳機。把其他物件都放在抽屜裡，那些你看不到的地方。這麼做一開始你可能會覺得奇怪，但它對專注力有很大的助益。

### 讓自己覺得舒適

盯著電腦螢幕看太久時，你的肩頸會覺得僵硬痠痛嗎？你的桌椅會引起背痛嗎？調整這些物體的高度和位置，同時確保其他空間在美學上也讓你賞心悅目。當你的大腦努力思考，刺眼的光線，或是雜亂的視線，可能會像嘈雜的噪音一樣讓人分心。

## 整理電子郵件

員工傳來最新現況。客戶提出問題。上司寄來邀請函。

## 管理錦囊：如何保護免受打擾的時間

直屬部屬來找你幫忙或徵詢決定；同儕需要你支持他們的目標；還有，上司偶爾也想要你幫忙。明智回應這些要求，可讓你善用自己的時間，而且依然支持你的同事。

- **知道什麼時候要說不**。當有人要求幫忙或提供機會，自問：這項工作對組織是否有價值？對我的專業目標重要嗎？對我個人重要嗎？我是「唯一」可完成這項任務的人嗎？如果拒絕，我會傷害關係嗎？如果這些問題當中，沒有任何一個有相當肯定的答案，那就是個徵兆，表示你不該這麼做。
- **學習如何說不**。如果已決定這不是你能做的事情，就禮貌拒絕、分派，或是建議替代人選。針對這些尷尬對話，你可以參考下列這些腳本：
  - 「謝謝你想到我。可惜我現在工作滿檔，不得不拒絕。我期待看到你專案的未來成果。」
  - 「我目前無法承接這件案子，但想把機會提供給歐瑪。他一直在尋找機會，要在我們團隊中多負擔領導責任，我想他會把這件案子處理得非常好。」

—對你的上司：「由於目前我已有需要完成的優先事項，我不確定自己能否成功負責這項工作。請指示，哪些工作事項對你來說最重要。」

- **結束對話**。有時候，大家想從你這裡獲得的，只是你的關注，但甚至連這樣都讓你不勝負荷。不過，要逃離說話正說到興頭上的人，你可能會感到不自在，你可以嘗試下列這些腳本：

—「你想在明天午餐時繼續這段談話嗎？現在我必須回去工作。」

—「你可以把問題寄電子郵件給我，讓我稍後處理嗎？我現在需要完成這項任務。」

—「對不起，有人正在等這項工作的結果，所以我現在要把它做完。我可以一小時後順便到你那裡找你嗎？」

—「我不想打斷你說話，但……」「對不起，這麼做有點沒禮貌，但……」

到了某些時間點，你遲早都必須回覆這些訊息，但當你接觸到一連串的通知，就無法完成已規畫要完成的優先事項。當你在專案計畫上脫離心流狀態時，電子郵件可能會變成拖延的藉口，而讓電子郵件妨礙你完成重要工作，並沒有好處。你可以做下列幾項事情來控管混亂：

## 清理收件箱

尚未回覆訊息讓你感到的內疚或壓力，可能會跟電郵新通知一樣擾人，所以就像你會安排時間清理實體空間一樣，也需要空出時間清理虛擬空間。你可以依發件人來整理電子郵件，刪除不需要的訊息存檔，和已回覆的訊息。然後，新開三個文件夾：後續追蹤（follow-up）、暫時存放（hold），以及存檔（archive）。分類整理還在收件箱中的所有電子郵件。需要審慎思考後回應的訊息，放在「後續追蹤」文件夾，至於跟未來活動（像是邀請函）有關的通知，放在「暫時存放」。所有不需要採取進一步行動、但你仍希望保留紀錄的訊息就「存檔」。從現在開始，在你收到新的電郵時，便使用這套系統分類。

## 重新開始

如果你沒時間瀏覽自己所有的舊訊息，就不要這麼做。把這些訊息全放在另一個單獨的存檔文件夾中，然後，重新開始使用全新的收件箱。這項策略可能看起來很無情：

你「本來」有一天要處理完所有這些訊息！但如果眞的沒辦法整理好14,000封未讀的訊息，宣布「電郵破產」（email bankruptcy）便能讓你往前邁進，聚焦在你未來的高效能上。不過，只有在緊急情況下才能使用這招；不要太常使用這項選擇方案，以免傳出你不回電郵這種不好的名聲。

### 關閉通知

如果你眞的需要專心工作，就關閉新訊息通知，或是完全關閉電子郵件用戶端。在你離線時設定自動回覆功能：「爲了完成一些工作，我目前直到5點前都沒有連線電子郵件，但如果出現緊急情況，可以用電話或簡訊跟我聯絡。」

## 壓力管理

壓力和缺乏專注力，其實是一個惡性循環的兩大部分。你不能專心，所以沒有完成工作。當你沒有完成工作時，就會因壓力過大而無法專心。情況會一直重複下去。

心理／身體醫學研究所（Mind/Body Medical Institute）創辦人暨哈佛醫學院醫學副教授赫伯．班森（Herbert Benson）博士表示：「壓力是生理上所有好壞改變的一種反應，提醒大腦和身體採取調適性的『戰或逃』（fight-or-flight）反應。」或許同事在你簡報時問了一個難題，讓你措手不及，或是上司剛在你已經滿載的工作量上，又加了另一項緊急任務。有時候，內部的議題會引發壓力，像是你擔心新的艱難任務會失敗。在當今節奏快速和複雜的組織中，經理人極可能在工作場所上經歷壓力。

當然，會有「某些」好的壓力。壓力是一種自然、甚至是有用的反應，可以激勵你，而且有助於你在壓力下專注。商業文化往往非常強調這點。在面對重大挑戰時，你常常被人問到是否夠強悍、夠聰明，以及夠堅守承諾、盡忠職守，而得以成功。

最優秀的經理人，知道如何平衡壓力的好處，同時預防壓力的負面影響。精神科醫師暨注意力缺失症（attention deficit disorder）專家愛德華・哈勒威爾（Edward Hallowell）表示，過多壓力會明顯破壞你的表現能力：「某天，當第三筆交易已化成泡影、第12個不可能達成的要求不請自來、在你電腦螢幕上發出連續音頻警示，那時，你正在搜尋著第九件遺失的資訊，在第五次被人打擾之後，正面臨了第六個決定，結果，你的大腦開始驚慌失措，反應好像第六個決定是嗜殺成性的吃人老虎一樣。」這就是壞的壓力。這些跡象可能包括無法控制的焦慮、混亂失序，甚至是憤怒、不投入、身體的疲憊和疾病，所有這一切，都會導致績效不佳，更不用說生活品質因此降低了。

這些反應是有關神經化學，跟道德是否健全無關。大腦的額葉，像是決策、規畫和學習這些微妙認知發生的位置，開始向控制你生存本能的大腦深層區域傳送痛苦訊號。

這些區域的回應就是發出一連串強大的原始訊號，像是恐懼、驚慌和退縮。

所有的反應，代表你評估資訊和解決問題的能力，會隨著身心其餘部分落入危機模式而崩潰。「在存活模式（survival mode）下，」哈勒威爾表示：「經理人會做出衝動的判斷，憤怒而匆忙地把手頭上任何事情都告一段落。」

如果你想以更好的方式，來管理自己的反應，就要建立控管整體壓力水準的例行做法，同時，採取措施舒緩目前的高度緊張。你愈能有效監控自己，就愈能協助團隊成員也管理好他們的壓力。

## 控管壓力的例行做法

即使拋開工作截止日，或是孩子生病的事情，日常生活也已包含許多壓力來源。培養下列這些健康習慣，你便能保護自己的個人能量儲備，免受每天生活壓力的耗損：

### 促進正向情緒

如果在你的團隊成員之間，培養彼此信任與相互尊重的文化，就算是遭遇危機時，也可以從同事那裡獲得安慰。你應該在有益於情緒的工作關係上投入時間，就算不是策略性的重要關係也一樣，而且應經常表達感謝與認可。你也應培養在目前處理的任務，以及更大格局兩者之間切換的習慣，如此你便可以對自己取得的進展感到高興，同時和眞正激勵你的事物保持連結。當你開始覺得不勝負荷，深呼吸，對自己別那麼嚴格。你可以發展出一項定期思考意義的儀式，或許就是每天你準備好離開公司的時候進行。你愈能有意識地把工作與更大的目的感連結起來，不論這個目的感是改變世界，還是確保自己的財務穩定，你就愈能順利度過每天的高低起伏。

## 照顧好你的大腦和身體

關注身體健康，會降低你工作上的壓力，並提高你的領導力。睡眠的價值非常重要，怎麼強調都不爲過。晚上要早點兒睡，才能有充分休息。飲食也相當重要。每隔一段時間就攝取健康食物，讓你感覺活力滿滿。限制酒精的攝取量。最後，運動會釋放許多對抗壓力的化學物質，而且，你不需要成爲馬拉松跑者，才能獲得運動的好處。每天沿著一段樓梯或走廊行走幾次，就可以獲得需要的健康效果。

## 減少日常決策的壓力

你的精神能量是有限的，不要花在影響程度低的決定上，像是「今天早餐應該吃什麼？」或「該在什麼時候聽語音信箱？」透過限制你的選項（烘烤穀麥片或丹麥麵包），或是培養例行做法（每天上午10點檢查語音信箱），讓這些選擇自動執行。社會心理學家海蒂．海佛森（Heidi Halvorson）建議，應該在面對困難決定時，給自己額外的支持，事先擬定「如果一就」（if-then）的提案：「如果發現我們的預算沒有增加，我就會去繞著街區散個步，保持冷靜並放輕鬆。」

## 即時干預

建立模式、良好習慣和例行做法，應可幫助你在日常生活中保持冷靜。但當某些特定事件，導致你的壓力水準上升，便應該短暫休息一下，以打亂那種跟老虎拚鬥的存活反應：

### 做別的事

當人們剛完成某些較簡單的工作時，像是簡單的機械化任務，他們對困難的任務就會處理得更好。你可以跟朋友聊天、解開好玩的謎題，甚至寫下你熟悉事物的簡短描述，比方說，你的房子。這麼做，你給自己的大腦一些喘息空間，重新設定迴路。

### 離開

如果你跟別人互動時產生情緒反應，禮貌表示你要暫時離開目前的會議，或是優雅地結束電話。花點時間來管理反應，比表現出不受控制的情緒反應，會好得多。不要覺得尷尬，讓別人知道你在做什麼：「我需要一些時間來處理這一切，再回到會議桌時就神清氣爽了。我們休息十分鐘吧。」

### 嘗試辦公桌瑜伽

如果你需要放鬆身體，緩解緊張的情緒，但不能離開辦公桌，可以嘗試一些適合辦公室的伸展運動。你可以緩慢左右搖擺肩膀，或是用你的手，輕柔地把耳朵壓往肩膀方向。讓你的雙腳平放在地板上，雙手緊握伸展到背後，伸展胸腔，或是在腰部轉動軀幹。深呼吸，讓肌肉放鬆，每個姿勢維持 10 到 15 次的呼吸時間。

## 工作與生活的平衡

許多專業人士每天都要面對拉鋸戰，一方面是工作一方面是跟家人、朋友、社區和自己相處的時間，這兩者之間的拉鋸本身就是壓力來源。對你來說，工作在哪裡才算是結束？是下班前關上電腦時？是離開辦公室時？是回到家裡？問候你的家人時？還是要等到你睡著的時候？工作有沒有結束的時候？

工作與生活的平衡，就是安排好你的專業生活與個人生活之間的關係。它包括建立習慣來保護和添加活力、你爲家庭和休閒時間設定的界限，以及你用來協調兩者衝突的策略。

參考下列這些最佳實務做法，可讓你在可行之處找到綜效（synergy），不可行之處畫出界限：

## 避免身心俱疲

除了控管壓力的其他例行做法之外，還可以在工作時短暫休息，爲自己的活力充電，像是詢問你關愛的人現況，或是繞著街區散步。避免把上網當成休息的策略，因爲這麼做，通常會讓你全神貫注，不僅不會補充你的精神，反而是耗盡。就算是盯著窗外看，也比上網好。

晚上，安排可以眞正充電的時間。不要坐在沙發上看電視，你應該從事某些以愉悅方式積極讓大腦投入的活動，比方說，自己做晚餐或拜訪友人。每天晚上過了特定時間之後，把數位裝置放在抽屜或衣櫥裡，嚴格遵守「不收發電子郵件」的規則。除了你安排的家庭時間以外，還要確保自己也能享有一些「獨自」的時光。

## 保護你的週末

週末是固定休息、身心復原和維繫人際關係的時間。就算你無法允諾自己 48 小時的完整時間，在閱讀和回覆電子郵件，或是處理重要工作計畫時，務必設定好某些界限。

當然，要維持這些界限的最佳方法，就是在一週工作的五天裡，對自己的時間做策略性安排。假如你一週工作五天仍無法在截止日前完成工作，你就必須和人協調修正這些截止日。同時，你可將行程表上某些任務提前處理，以免在週末前，需要處理所有重要的任務。最後，你可以在週末時從事私人計畫，給自己令人信服的理由，「不要」在週末時工作。如果別人期待你會出席音樂會或參加足球賽，在星期五離開辦公室之前，你就會更積極完成工作。

## 掌握你的關係

有時候，工作的重要性「就是會」超越其他一切事物。然而，不論是你的企業失去一位重要客戶，或是你正逢季節性的忙碌期，還是可以管理工作對自己最重要關係所產生的影響，事先協調好合理的期望。你最親近的人，像是你的配偶和家人，可能會像你一樣，在達成工作與生活的平衡上遭遇困難。你最好的做法，就是好好談論這件事。

談論時，你可先提供背景資訊，說明你的工作目前爲何這麼緊張，然後展開對話，並解釋所有這些努力的目標：「我現在投入這麼多時間，是要幫助團隊準備向潛在投資人提出的最佳簡報。在我們讓另一位投資人加入之後，公司的財務狀況就會穩定下來，我的工作也不會再因爲要處理危機而忙個不停。」

接下來，你可以詢問對方，對自己工作的這項轉變感覺如何：「可以告訴我，你認爲這會讓你更不好過嗎？」如果不同意對方的說法，請求對方提供更多資訊：「你能舉個例子幫忙我了解嗎？」不要輕視忽略或反駁他們的觀點。你要展現同情心，爲他們感受到的傷害，表達眞誠的悔意。還有，你也要具體表示：如果你這次無法給關愛的人完全關注及在場陪伴，至少可以讓他們明白，你理解並關心他們的感受。

另外，也應該和他們談論，要如何將影響程度減少到最小：「我要如何讓情況對我們、家人，以及我們的關係有所改善？」你也要問到，未來如何能把事情處理得更好。提出你認爲可能會出現的困難情況：「學期快結束，代表我們的小孩會換新時間表，需要更多托兒服務。這種情況變化時，我能做哪些事，你有什麼想法？」

對你來說，這樣的對話有兩個目的。首先，你應再次確認你跟你關心的人之間關係如何，而且坦白說明是哪些因素讓當前情況變得如此困難。但你也在尋找解決方案，以減輕工作對關係產生的負面影響。華頓商學院（Wharton School）教授史都華．佛里曼（Stewart Friedman）認爲，你對自己要求的標準，可能會比你關愛的人對你要求的標準還要高，或者你們要求的標準不同。你的女兒或許並不在意你是否錯過了晚餐，只要你還能在早上開車送她上學就沒問題。或者，也許你的父母親並不介意你錯過家庭聚餐，只要你持續參加共同的社區活動就好。你問了，才會知道這些事情的答案。

## 了解這不是零和遊戲

佛里曼認爲，工作與生活「平衡」的這個說法，本身就不正確。工作、家庭和朋友、社區和自我發展，總是不斷變化，永遠不會有完美的平衡。畢竟，工作也是生活的「一部分」。跟家人一起分享和慶祝自己的成就，跟朋友交流戰爭故事和尋求專業建議，在社區分享自己的專業知識和發展技能。而且，你在每項領域所得到的領導力成長，都會在其他領域中讓你獲益。就像一位佛里曼指導的高階主管一樣，他透過加入當地鄰里社區的董事會，不僅獲得領導經驗，也強化他和家人的關係。

如果你要持續發展自己的職涯，便需要整合生活的這些部分，而不犧牲自己的幸福。佛里曼認爲，你的專業未來，其實取決於是否能在工作之外，爲自己保留豐富的生活。眞誠的領導人，深刻而清楚地理解自己是誰、重視哪些事物，而這些在辦公室內、外與人有關的經驗中獲得確認。

在這裡，除了你的工作，還有一樣更重要的事物會面臨風險：你的健康和幸福。工作與生活如果失去平衡，就會以各種方式破壞你的健康，從高血壓、睡眠不好，到憂鬱和藥物濫用。你的關係因此付出的代價也會相當高。如果你審慎以對，平衡並結合你個人和專業上的責任，便可以保護自己的健康，幫助家人和自己，一起順利度過這段壓力時期。

## 保持最佳狀態

為達成你在這個角色的策略目標，並對整體生活感到滿意，你需要掌握自己的個人生產力。學習如何管理時間、專注力和壓力，可讓你擁有更多時間思考全局，並充分利用每一天。你為了自己、同事、團隊成員，還有你關愛的人，力行上述這些行動，而他們都需要你維持最佳狀態，並全力發揮。

## 重點提示

- 管理你的時間，是一項有意識的做法，可協助確保你盡可能以最佳方式，使用能運用的所有時間。把能運用的時間，配合你的目標與優先事項。
- 跟找到時間做工作同樣重要的，是找到專注力，才能把工作做好。
- 壓力是生理對變化的一種反應，有好或壞的不同壓力。接受正向壓力，發展出減緩不健康的壓力模式。
- 如果要把自己的壓力減到最少，就需要投入時間照顧好自己的身體和大腦。
- 工作與生活「平衡」的這個說法，本身可能就不正確；你的目標應是正向地把工作與生活整合在一起。

## 行動項目

**如果要掌握自己的時間：**

- ❑ 巨細靡遺追蹤自己行程幾天，了解你如何使用時間。
- ❑ 在你蒐集到自己使用時間的資料中尋找模式：它是否符合你的優先事項？分析是哪些因素，造成你的期望與現實之間的差距。
- ❑ 擬定目標驅動的總體計畫，勾勒出在理想情況下，你會在每項工作活動上投入多少時間，區分你最重要和最不重要的優先事項。
- ❑ 主動分配時間給最高優先事項，在行程表上標示一段時間做這件事，以執行你的計畫。

**如果要改善自己的專注力：**

- ❑ 清理主要的工作平台。把一定會使用的物品留下，其餘物品整理儲存，或是當做垃圾丟棄。
- ❑ 讓自己舒適。調整電腦和椅子的高度和位置，讓你可以毫無痛苦地工作。如果沒有舒適的椅子，今天就去買一把。
- ❑ 清理收件信箱。如果有時間，就把電子郵件分類，或是把全部電郵都丟到備份文件夾裡，以備之後參考。培養前後一致的習慣，用於未來積極管理電子郵件。

**如果要把壓力，以及工作與生活的平衡管理得更好：**

- ☐ 並致力在每週開始時，重新連結你與你工作的意義。提醒自己，你為什麼要從事目前做的工作，重新發現你對工作的渴望。
- ☐ 你的日常事務，例如穿好衣服、在家辦理好登機手續等，應該採用一致的例行程序，以便限制決策的負面影響。
- ☐ 覺得特別緊張時，嘗試玩拼圖，或是做些身體伸展運動，讓大腦和身體有時間恢復活力。
- ☐ 在工作週內安排放鬆時間，以免自己身心俱疲。盡可能維持週四和週五不會有重要的最後期限，保護你的週末時光。
- ☐ 事先留意可能對個人關係帶來挑戰的重要截止日期，跟相關人員坐下來開會，告知他們即將發生的事情，一起腦力激盪，討論可能減少部分壓力的解決方案。

Management

M

你必須對自己的專業目標，
以及如何掌握前途發展，
採取更長遠的觀點。
因此，自我發展第一步，
便是清楚說明你的職涯「目的」：
你想從工作中獲得什麼？
你想完成什麼？

第 8 章

# 自我發展

H B R

Self-Development

如果你希望自己的職涯有成就感，積極管理自己的成長，就極爲重要。人們往往都以爲，如果他們努力工作，職涯就會以他們希望的方式發展。但由於全球創新和變革的飛快步調，專業人士必須比過往更頻繁地更新技能，以及拓展能力。

你就是自己利益的最佳倡導人。你的主管同時處理多項責任和優先事項，可能只會在年度績效評估時，才討論你的職涯抱負。你的主管也會感謝你主動設定目標，讓自己的專業知識維持最新，並尋求成長機會。雖然許多組織會透過訓練和其他方案支持員工職涯發展，但許多自我發展的工作，取決於你自己的選擇和行動，促成哪些事情發生。

對大多數人來說，「終身」事業的想法已經過時。相反地，想像你的職涯在一個「格架」（lattice）、而非「梯子」（ladder）上展開。相對於梯子單純地必須「向上移動」，格架是一種寬廣、靈活的結構，允許多條路線通往多個目的地。本章會透過發現你的興趣和價值觀、尋找發展機會、培養你的組織和行業未來會需要的新技能，以及在你的公司和產業內建立關係，協助你沿著自己的職涯格架前進。

## 職涯目的

自我發展的第一步，是清楚說明你的職涯「目的」（purpose）。你想要從工作中獲得什麼？你的職涯應如何融入整個生活？身爲領導人，你希望完成什麼？

哈佛商學院教授克雷頓·克里斯汀生（Clayton Christensen）表示，這是他每年教導學生最重要的一件事：「在他們決定如何投入時間、才能和精神時，永遠把生命目的放在首要位置。」那是因爲一旦沒有目的感，你便不知道如何回應自己面對的挑戰和機會。

如果想培養自己的目的感，你要思考我們經常在日常工作中忽略的重要問題（見邊欄：「問卷調查：找到你的目的」）。

眞誠領導力協會（Authentic Leadership Institute）總裁尼克·克雷格（Nick Craig）和哈佛商學院資深講師史考特·史努克（Scott Snook），曾訓練數千位經理人和高階主管。他們建議，一旦回答這類問題，就根據自己的回答，建構一句簡單、正面的「目的宣言」（statement of purpose）。擬定你的目的宣言時，並沒有單一格式或唯一正確的方法。只要善用你有共鳴的事物即可。如果你第一次嘗試構思的宣言不怎麼合適，沒關係。在修改時，盡量把宣言修改得更簡潔直接，然後問別人有何反應。這句宣言聽起來像「你」嗎？它掌握到你的本質了嗎？

你的目的宣言，會成爲本章其餘部分中，你要加強的自我發展策略的基礎。當你做出重大決定，或是努力度過壓力特別大的期間，定期重讀這句宣言。此外，當你持續考慮自己的成長和發展，把這句宣言當作未來需要時的提

## 問卷調查：找到你的目的

當你規畫自己的個人發展和專業發展，思考下列這些問題。

- **你擅長哪些事？**在這些事情上，你如何精益求精？對於哪些事情值得精進，你有什麼偏差看法？
- **你樂於從事哪些事？**在這個世界告訴你應該（或不該）喜歡或做什麼事之前，在你還是個小孩時，特別喜歡從事哪些活動或休閒？
- **你跟其他人如何合作會最好？**你比較喜歡獨自工作，還是和別人一起工作？身爲部屬、主管、同儕或協作者，哪種關係會讓你最有創意？身爲決策者還是顧問，你會產生更好的成果？
- **情況模糊時，你是否表現良好？**還是你需要一個高度結構化和可預測的環境？
- **你的價值觀是什麼？**每天早上，你想在鏡子裡看到什麼樣的人？什麼樣的組織使命或文化，符合你的價值觀？
- **你屬於哪裡？**對於下面這些問題，你的自我認知告訴你什麼：你在哪裡可以獲得成功和快樂？什麼類型的組織、從事什麼類型的工作、和什麼樣的人在一起，會產生什麼樣的正向成果？

- **你應該貢獻什麼？**想想你在目前的工作，還有你在生命中的整體位置。在周遭看到什麼需要？考慮到你的強項、你的表現方式，還有你的價值觀，可以做出哪些獨特且重大的貢獻，來滿足這些需求？
- **想想在你人生當中，最具挑戰性的兩項經歷。**它們是如何塑造你的？

資料來源：改編自克雷頓．克里斯汀生，〈精算人生三題〉（How Will You Measure Your Life?），《哈佛商業評論》全球繁體中文版，2010 年 7 月；彼得．杜拉克（Peter F. Drucker），〈杜拉克教你自我管理〉（Managing Oneself），《哈佛商業評論》全球繁體中文版，2007 年 12 月；尼克．克雷格、史考特．史努克，〈打造目的影響力〉（From Purpose to Impact,），《哈佛商業評論》全球繁體中文版，2014 年 5 月。

醒。假以時日，你的目的可能會改變，所以定期評估檢討，調整目的宣言，以順應你當前的想法，會非常有效。

## 在組織內尋找機會

一旦明白自己的職涯目的，就開始尋找機會，朝這些目標成長邁進。你或許想透過承擔特殊專案或挑戰性任務，在自己目前的角色上擴展某些技能。或者，你可能覺得自己已完成目前角色上想完成的目標，而且已準備好邁向你職涯的下一個階段：一個正式職位或外派職位，讓你可以了解組織的不同部分。

你可以考慮在自己目前的公司裡，開始搜尋更多機會。首先，你已在這裡投入時間和努力打造自己的聲譽、贏得信任，而且建立可信度。同時，你也熟悉這裡的文化。你最強大的人脈網絡，也在你的組織內運作，這代表相較於範圍更廣的產業，你可能在公司內部會獲得更多機會。此外，公司也可能已投入大量資源發展你的才能；你擁有公司不想失去的知識和經驗。在某些情況下，你會想考慮其他組織，像是如果目前的情境令人非常不愉快，或是想學習不同類型的企業如何營運。但無論如何，從距你當前位置較近的地方開始較合理。

### 第 1 步：調查正式發展機會

先從公司培育人才的正式流程開始。你的主管有責任協助直屬部屬釐清他們的目標，尋找適當的成長機會，所以，先跟他們預約會面時間。你應該事先準備好怎麼談你想成長的方向。詢問是否有適合你的機會。如果覺得自在，分享你的目的宣言，徵詢上司的反應和想法。

這個階段的其他資訊來源可能包括：

- 公司的人力資源部門
- 正式的訓練計畫，例如，組織提供的領導力訓練、技術學徒培訓，或是公司會資助的外部學位課程
- 公司目前職位空缺的招募訊息
- 可能支持你發展的內部人脈網絡，不論是你自己的網絡，或是透過人力資源部門安排的關係
- 指導關係，不論是由人力資源部門正式安排，或是透過你自己主動進行
- 臨時任務，例如在同事休產假或休假研究（sabbatical）期間承擔新的任務

## 第 2 步：進行內部蒐集資訊的訪談

蒐集資訊的訪談，是針對這些選項蒐集更多見解的好方法。舉例來說，如果你想知道，自己是否會想轉調到別的部門，可以請人力資源部門安排跟那個部門的員工或主管對話。或者，如果上司知道且支持你的抱負，可以請他們把你介紹給那個部門的同事。盡可能運用推薦的方式。如果應徵者是由認識且尊重的人所推薦的，招募經理人尤

其樂於會面（見邊欄：「個案研究：當面談產生聘書」）。

當你和同事坐下來談，記得你在那裡的目的是為了學習，而不是跟對方尋求工作（至少現在還不是）。你應該準備好主動引導雙方的對話。事先做好研究，準備一些好問題。根據職涯策略師丹尼爾．波洛特（Daniel Porot）的經驗，下列這五個問題，是有效的開場白：

- 「你如何進入這一行的工作？」
- 「你喜歡這份工作的哪些部分？」
- 「這份工作的哪些部分不是那麼吸引人？」
- 「這個產業有哪些改變？」
- 「什麼樣的人在這個產業會做得很好？」

尊重與你面談的人的時間：不要提問超過二十分鐘，並遵守時間限制。之後用手寫短函感謝他們。

### 第 3 步：自己提議工作

有時候，參與公開招募的面試，或進行資訊蒐集的訪談，會帶來正好是你想要的新職位。但如果情況並非如此，你也不要放棄。相反地，你可以向公司提議你「想要」的工作。這需要非常多準備工作，但這麼做可以充分利用你的技能，為組織帶來好處。你可以先從研究組織內部不為人知的機會開始。哪些客戶或內部的需求，目前尚未得到滿足？組織可以在哪些地方獲得成長？嘗試以外部人士的角度來觀察你的公司，並從同事、公司會議、股東電話會議，以及其他管道中，盡可能蒐集更多資訊。下列這些問題，可以引導你的搜尋方向：

- **哪些部門或業務領域，目前具有成長動力？**迅速發展的部門，可能會相當願意多雇用一個已熟悉組織使命和文化的人。
- **不同的市場、地點或國家，有哪些機會適合你？**相當少的人願意爲了工作搬遷到外地，但企業渴望雇用擁有跨多個市場經驗的工作者。
- **組織目前面臨哪些根深柢固的問題？**你如何能參與其中，協助解決問題？

隨著下一個職位的構想逐漸成形，你需要考慮自己如何推動這項改變。誰會做你目前的工作？你可以獲得哪些技能，讓公司更容易接受這項改變？進行腦力激盪，想想你可以參加的公司內部、外部，或是虛擬的研討會和工作坊，並釐清參與這些方案，可如何適當配合目前的職責。

當你準備好要跟公司提議時，提議的對象要挑選那些有權力和信譽最佳組合，以及跟你關係最好的人，讓你的提案成爲事實。你的直屬上司、導師或贊助人，都會是合適的目標。你需要明確說明，你擴展的職位或新職位，對組織會產生哪些好處。解釋你爲什麼認爲自己最適合這項工作，詳細說明你的能力和績效紀錄。清楚勾勒這項轉變會如何運作，包括如何把你目前的職位或部分職責轉交給別人，以及在新職上確保早期成功的時間表。

## 個案研究：當面談產生聘書

你在公司內部進行的蒐集資訊的訪談，可幫你建立關係，但和組織外部的人交談，也可以幫你了解情況。無論情況如何，在占用幫助你的那些人的時間之前，需要先做好準備。

兩年前，居住在南加州的麥特・麥康諾（Matt McConnell），希望從財務轉到行銷。他不是完全確定自己的方向，所以開始運用蒐集資訊的訪談，來了解其他人的職涯，希望能凝聚自己的焦點。「我也利用訪談來更了解其他組織，以便知道它們是否可能是我想工作的地方，」他說。

他的第一次資訊訪談不怎麼順利，而麥特要負起全部責任。「我沒有準備，」他回憶道：「對方知道這一點，而且告訴我，我是在浪費他的時間。」

麥特學到重要的教訓。「從此，我再也沒犯過同樣的錯誤。我現在總是準備的比需要的還多（overprepare），」他說。

爲了做好準備，他會先讀對方 LinkedIn 的個人資料，上 Google 搜尋他們的職業生涯，並檢視他們公司的網站。通常，他會提出同樣的問題，範圍大多從對方如何開始工作，到他們如何進展到目前的職位。「不過，我也會記下自己想問的特定問題，這樣如果談話停頓下來，我就可以提出某些問題，」他說。

另外，會談之後，麥特還有一項例行做法。「我請對方提供名片，之後立刻寄出一封手寫的感謝函。感謝函的長度通常是三行，而且，我一定會提到我們會談中讓我產生共鳴的一件具體事情，這樣他們就知道我有仔細聆聽，會覺得他們付出的時間有價值，」他說。

「在職涯早期，我擔心自己沒有任何東西可以回報任何人。（但）我了解，人們喜歡分享他們的經驗，並提供建議，所以我一定要表達誠心的感謝。」

最後，麥特跟一家速食餐飲集團的行銷主管進行資訊訪談，而且大有斬獲。「在我們會面之後，對方撥電話給我，說她的公司正在招募一個她認爲我很適合的職位，」他說：「她把我的名字給了人力資源部門，他們預計在三十分鐘內撥給我，進行電話面試。那次電話面試之後是當面面試，最後，我獲得那家公司的工作機會。」

他在那家公司工作了幾年，之後才換到別家企業。

他現在是 Astrophysics 的行銷經理，這家公司設計安全檢查用的 X 光掃描機。

資料來源：芮蓓嘉·奈特（Rebecca Knight），〈如何充分利用蒐集資訊的訪談〉（How to Get the Most Out of an Informational Interview,），HBR.org，2016 年 2 月 26 日。

## 第 4 步：追求漸進成長的機會

如果公司沒有立刻接受你的想法，不要氣餒。你應該做好準備，協商爭取漸進式、臨時性，或是過渡性的職涯轉變，例如：

- **在原本職位上成長**。你能否改變自己目前的角色，逐漸增加你想要的職責或工作範圍？如果連這個做法都遭遇到阻力，可以考慮自己展開一項小型專案。如果你能產出具體結果，稍後向公司申請時，運氣可能就會更好。
- **跨職能團隊**。你能否跟不同部門的員工合作，把你的想法付諸實現？這個選項可幫你拓展自己的人脈網絡，獲得其他職涯路徑的見解。
- **工作輪調**。你的公司是否提供特殊任務或輪調職位？

- **公司內部實習**。你能否促成一項協議，在某位主管麾下實習，學習新的角色？

## 第5步：尋找別處的機會

如果你在組織內找不到機會，可能就該考慮是否要到別處尋找機會。下列情況發生時，蒐尋新公司的職位便合情合理：

- 你的核心興趣，並不適合你的雇主可提供的工作。
- 市場波動，造成你的工作岌岌可危。
- 你的工作應該短時間內便能完成，而且缺乏可行的職涯路徑。
- 你的組織文化，不適合你個人和偏好。

利用你的人脈網絡來研究工作機會、跟產業領導人安排蒐集資訊的訪談，並與決策者建立關係。接觸你工作場所以外的導師。當你找到想追求的機會，請某人透過電子郵件或電話，把你介紹給相關的招募經理人。在某些領域，公布在網路上的工作職缺，會收到數百份履歷。個人介紹和推薦函可以凸顯你，讓你成為組織應該面試的應徵者。如果你沒有這樣的關係，把這份請求發送到你的人脈網絡。看是否有你認識的人，可以跟你感興趣組織裡的人介紹你。

## 尋求轉職要優雅

當你在組織外部尋找工作時，要記住下列這些建議：首先，在談論目前公司時要保持尊重。其次，不要利用辦公時間尋求其他機會。你應該使用假期或下班後的時間，進行你的研究和訪談。第三，要提供足夠的事前通知，給目前的雇主，而且要盡可能優雅離職，避免永遠破壞雙方未來的關係。

## 上司和團隊的回饋意見

跟你一同工作的人，也可以在你的成長上扮演某種角色。他們比別人更了解你的工作方式，而且，他們對你的優點和缺點，都有獨特的見解。

收到回饋意見這件事本身可能就會讓你產生壓力，引發你的不安全感、恐懼和焦慮。傾聽這些資訊很重要，但情緒影響可能會強烈到讓人招架不住。就像研究指出的，這是因為相較於正面資訊，我們更專注傾聽負面資訊，而且更鮮明地記住。因此，我們很容易就執著在自己的不足，卻忽視自己的強項。

如果要向同部門同事學習，你便需要以正向的方式練習傾聽和運用批評。而且，你也必須學會投入相同時間，考慮自己的強項和弱點。

## 徵詢與運用批評

要收到眞實、即時回饋意見的最佳方法之一，就是向別人提出這項請求。把這件事情變成日常例行工作的一部分。在小組會議結束時，當你在結束跟員工的指導時段，或是你在出差後，跟同事開車離開機場時，提出下列這個問題：「有關事情進行得如何，還有我下次如何能做得更好，你有任何回饋意見給我嗎？」

人們，尤其是你的員工，是否眞的同意回答你提出的這些問題，會取決於你如何回應，甚至連開頭的一點批評都會影響他們的態度。你的回應是否教他們從現在開始保持沉默？還是，你以尊重、關注和感謝，來回報他們的誠實？

當你清楚意識到、而且掌控好自己的情緒反應，就比較容易接受批評。高階主管指導教練暨史丹福商學院講師艾德．巴帝斯塔（Ed Batista）建議，聽到這句話「這件事並不是針對你，但……」時，你要暫停，辨識出對話的三項要素：

- **你對威脅的反應**。大腦遵循由來已久的神經和生理模式。承認你受到觸發，並提醒自己，你「感知」到威脅，並不代表眞的受到攻擊。
- **權力動態**。我們在這些對話中，會變得對地位非常敏感，而且很容易就把許多負面動機投射到對方身上。他是在對你展現他的權力，還是試圖宣稱他比你優越？她是在試圖破壞你的權威嗎？承認你的恐懼，選擇做出心胸寬大的假設：「這對我來說感覺很不好，但我認為他們正試著幫忙。」

- **你的行動**。如果你覺得遭到別人伏擊或突襲，可能會緊張到不知所措。情況看起來可能並非如此，但你「的確」可選擇自己是否要參與。自問「我需要現在一走了事嗎？還是可以持續這段對話？」給自己離開的選項，確實可能會讓你的情緒穩定下來。

吸收別人跟你分享回饋意見的最佳方法之一，便是積極傾聽，並探問更多見解：「多告訴我一些。」「我不確定知道自己那個部分。幫我了解你看到的事情。」徵詢更多資訊會讓你擺脫個人防禦的姿態，讓你重回好學與好奇的心態，而這正是卓越領導人的獨有特徵。

一段時間過後，透過加深你和提供回饋者的關係，你可以讓這些體驗變得更輕鬆。當需要討論較困難的主題，你會對他們的意見覺得更安全，也更好奇。另外，你還能把負面資訊連結到更寬廣的格局、你的目的感和成長計畫，一併做整體考量。

## 了解你的強項

並非所有回饋意見都是負面的。當你接觸同事，蒐集他們建設性的批評，也應該跟他們一起討論你的長處。密西根大學正向組織中心（University of Michigan's Center for Positive Organizations）創造的「反映最佳自我」（Reflected Best Self）練習，可以建構這個過程。你的目標，是把他們的經驗，加上你自己的經驗，組合成「你的最佳自我」的統一景象，用來衡量未來的決定和行動。

首先，從挑選各式各樣的人開始：家人和朋友、過去和現在的同事、老師和導師等。請他們描述你的長處，分享他們親眼看到這些特質的具體故事。

接下來，整理你蒐集到的所有資料，尋找共同主題。依照主題，把例子分類，然後試著解釋，當履行那些理想，你會是什麼樣的人，或是你會如何行事為人。表 8-1 顯示你在列出自己的強項時，可以創造的一行表格範例；每一行都凸顯不同主題的例子。

一旦你蒐集好這些記憶和主題，把這些要點變成短文。使用回饋意見和你自己的觀察，寫出兩到四段描述「你的最佳自我」。你可以嘗試使用下列這些片語做開場白：

- 「當我處在最佳狀態，我……」
- 「我樂於……」
- 「別人仰賴我……」
- 「我的最佳表現是……」
- 「當……我覺得自己恢復了正常。」
- 「當……我成功了。」

## 表 8-1：反映最佳自我：範例

| 共同主題 | 提供範例 | 可能的詮釋 |
|---|---|---|
| 好奇心與堅毅力 | ■ 我放棄自己在軍中的大好前途，取得企管碩士學位。<br>■ 我透過創新的方法，調查和解決一件安全洩密案件。 | 在面對新挑戰時，我處在最佳狀態。即使前有障礙，我還是勇於冒險，堅持到底。 |

資料來源：改編自羅拉．摩根．羅伯茲（Laura Morgan Roberts）、葛瑞琴．史畢茲（Gretchen Spreitzer）、珍．達頓（Jane E. Dutton）、羅伯．昆恩（Robert E. Quinn）、艾蜜莉．希菲（Emily Heaphy）、布萊娜．巴克（Brianna Barker），〈強化你的強項到最後〉（How to Play to Your Strengths），《哈佛商業評論》，2005 年 1 月。

現在，重讀你寫下的內容：你目前的角色，在哪些地方最符合你剛才創造的自我描述？兩者衝突的最大來源在哪裡？你有權力改變自己角色的哪些要素：你的團隊組成、你工作的方式，或是你投入時間的方式？

最後，設計一些小實驗，讓你的工作與學到的東西更一致，或是讓自己處於可能成功的最佳位置。不要展開需要上級核准的大規模調整，你應該一次嘗試進行兩或三項針對性的調整。例如，如果你跟其他人協作，自己才會處在最佳狀態，你可以尋找跟其他單位同事重疊的領域，開始定期舉行一系列會議，討論你們如何能合作得更好。

跟上司和員工討論他們的回饋意見，會提升你對自己想成爲哪一類領導人的看法。以你的長處爲核心建立領導力，削減或改善你較弱的領域，會讓你發展成更強大的領導人，也會支持你整個職涯中的發展過程。

## 培養自己

爲了做好監督別人的工作，你必須投資自己的能力包括：影響力、溝通、個人效能和自我發展。爲了與員工建立關係，並提供員工支持，你必須發展個人力量和眞誠的聲音。爲了幫他們安排組織自己的工作，你必須了解如何把時間和計畫依照優先順序處理。這些技能，會讓你成爲組織中更強大的貢獻者，但對身爲經理人的你，這些技能也會深深影響團隊的整體運作。

## 重點提示

- 自我發展第一步，便是清楚說明你的職涯「目的」：你想從工作中獲得什麼？你想完成什麼？
- 首先，檢視你在工作場所中可以運用的選項，尋找發展的機會。
- 跟你一起工作的同事提供回饋意見，可幫助你了解哪些地方需要成長，以及你的強項領域。

## 行動項目

**定義職涯目的：**

- ❑ 完成在本章開頭的「找到你的目的」調查問卷。
- ❑ 將你對問題的答案重新整理成一句宣言：「我的目的是……」

- ❑ 修改你的宣言，跟朋友、家人和同事分享，徵詢他們的意見。

**在組織中尋找機會：**

- ❑ 善用公司提供的正式發展機會。跟上司和人力資源部門討論，尋找可運用的機會。
- ❑ 跟內部領導人針對你感興趣的任何部門進行蒐集資訊的訪談。運用你在公司內部的人脈安排會議，事先準備好適當問題，訪談時展現應有的禮儀。
- ❑ 如果現有機會都不吸引你，你可以提議自己「想要」做的工作。釐清公司裡尚未滿足的需求，或是尚未開發的機會在哪裡，以及你目前的團隊，要如何順利度過你轉換工作的過程。
- ❑ 如果無法轉調到全新的職位，可以在目前的職位上追求逐漸成長的機會，比方說，加入跨部門團隊。
- ❑ 如果在目前的組織裡，真的看不到成長機會，就運用你的人脈網絡，在別的地方尋找機會。盡可能優雅地離開現職。

**徵詢上司和團隊的回饋意見：**

- ❑ 在會議結束時，或是簡報結束後，盡可能時常徵詢同事和層級在你之上的人的回饋意見。
- ❑ 當你受到批評，要爲可能會忽然出現、完全自然的情緒反應先做好準備。如果回饋意見讓你覺得很糟，或是錯誤的，原因何在？如果你針對別人爲何會這麼說，做出心胸更寬大的假設，事情會變得如何？

- ❏ 如果開始覺得無法接受負面的回饋意見，可以先請求暫時停止對話，等到自己重新恢復平衡之後再回來談。
- ❏ 另外，也可以使用「反映最佳自我」練習，來徵詢正面的回饋意見，並運用它，來衡量當你處在最佳狀態時，自己是個什麼樣的人。使用這項資訊來反向設計（reverse-engineer）你的工作：它會如何爲你的最佳自我發揮效用？

第三部

# 管理個人

# Managing Individuals

擔任主管的你，如何從
每位直屬部屬身上引導出最佳績效？

## 第 9 章　自信授權
Delegating with Confidence

## 第 10 章　提供有效回饋意見
Giving Effective Feedback

## 第 11 章　培養人才
Developing Talent

Management

# M

身爲主管，你必須授權，
讓員工對自己的任務負責。
授權不僅可以降低你的壓力，
得以專注在只有你能辦到、高度優先、
高影響力的工作。
授權更可以讓公司的資源最大化，
並有效提升團隊績效。

第 9 章

# 自信授權

H B R

Delegating with Confidence

授權是你身爲經理人最重要的職責之一。你的角色是要確保讓適合的員工在適合的時間，以正確的方式做正確的事。這包括你要做的工作內容，以及你的團隊內各個成員負責的工作內容。最有效能的經理人花較少時間「做事」，花較多時間規畫工作分配、安排資源，並指導員工創造最佳成果。雖然大多數經理人從未能完全擺脫「做事」，但目標是確保你的工作內容是組織的優先要務，並且有高度影響力。

但你可能很難放棄對某些任務的掌控，尤其若是你喜歡做、也擅長做的事，就更難放棄，即使工作量已讓你難以負荷。如果那項工作對你部屬來說，是具挑戰性的延伸性任務（stretch assignment），你可能也會猶豫是否要授權給他去做（你自己來做，不是比較容易嗎？）。而且你一旦指派任務給部屬，就必須持續對那件工作負責，卻不能越界進行微觀管理（micromanagement）。你很可能還會擔心，這會讓原本已很忙碌的團隊成員負荷過重。

本章將說明授權爲何很重要、如何制定授權計畫並告知你的員工、如何追蹤進度並提供支援，以及如何避免最常見的管理錯誤。

## 授權的好處

經理人對授權常有的誤解是，誤以爲授權會顯示自己有弱點，而他們應該要能自行處理所有事情。但有效的授權可以為你、你的人員和你的組織帶來實質益處。

授權時，你從自己的待辦事項清單中，刪除別人夠資格處理的事。這讓你有較多時間，可專注於需要你的獨特技能與權力層級的活動，像是規畫、業務分析、協調營運、取得資源、處理人事問題，以及培育員工。如果你能花費充分時間在這些核心任務上，你的績效與工作滿意度都會提升。

對你的人員來說，授權可為他們創造新的成長機會，提高他們的工作動機。假設你要求一名員工，為即將召開的會議準備議程。他將協助設定會議目標，草擬對話內容，請其他利害關係人在會中報告，並徵詢他們的意見，然後製作和分發相關資料；這些事情對你來說可能只是例行公事，或者很麻煩，卻能讓你的直屬部屬增加能見度，並讓他深入了解公司如何運作。

從組織的角度來看，授權可協助你讓公司資源達到最大化，並提高生產力。這個估算很簡單：如果你充分利用每個團隊成員的能力，就可讓團隊產出的成果達到最大。較不容易看出來的，是你在團體動態運作方面創造的無形效益。整個團隊的信任會加深：對你的信任會加深，因為你增加重要的機會，讓部屬可以成長和產生影響力；成員彼此的信任也會加深，因為大家表現良好並獲得成果；成員的自信也會加深，因為學會克服新挑戰。

## 制定授權計畫

一旦確定要授權哪項任務，首先應該制定書面授權計畫，然後才告訴員工。這個計畫應該詳細說明一切，從為何這項委派任務非常重要，到相關的截止期限，全都包括在內。

制定良好的計畫很重要。例如，你若將任務委派給缺乏合適技能組的人，就是害你們兩人都落入失敗和失望的境地。或是你未考慮到某位員工格外繁重的工作量，可能會使他心力交瘁。若沒有清晰、完整的說明，你就不會知道，那名員工是否會確實做好你需要完成的工作。書面的授權計畫是一份紀錄，隨著工作進展，你和部屬可以隨時查看。你可以用這份計畫來要求員工負起責任，在計畫出差錯時，根據這份計畫來解決問題（你對工作的說明是否不正確？），並在晉升員工時用來支持你的論點。

以下是制定授權計畫的做法。

## 第 1 步：決定要授權什麼

若要決定你該授權什麼，應先評估你的工作量，找出不需要你的特殊技能與權力的任務、專案或職能。找出有哪些工作由其他員工或外部資源就可輕鬆執行，只需要最少的指導或在職訓練。

如果某項任務、專案或職能太重要，不能授權給別人，不妨考慮分擔責任。你可以分割工作，自己處理一部分，其餘授權給別人。

有下列情況的話，應避免授權：

- 無法精確說明你想要對方做什麼。如果你不能清楚表達需要解決什麼問題，或具體要完成什麼工作，最好等到你能釐清這些事情時，才分派職責。
- 授權會危及你自己的發展或領導能力。例如，假設你必須培養自己的人際交往能力，以便更有效地和團隊成員互動，那麼你就應避免將需要和你的團隊廣泛互動的工作，授權給他人，例如主持會議，或和部屬談話以了解他們的職涯目標。
- 授權會破壞專案的成功。例如，假設你有制定行銷計畫的豐富經驗，而且你是因爲擁有這些技能而受雇。你的單位正推出一條重要的新產品線，而行銷計畫對這個產品線的成功極爲重要。你決定保有界定這項計畫策略要素的責任，但把戰術部分授權出去。

## 第 2 步：釐清你的授權目的

爲什麼要把工作分派出去？考慮你想要解決的特定問題，或想要達到的特定效益。需要考慮的問題包括：

- 爲什麼你想授權這部分的工作？
- 授權對你自己的工作經驗有何影響？它是否可減輕

你的工作量、減少壓力，或是讓你能專注在其他管理職責上？

- 你希望這項任務對員工有什麼影響？從哪方面來說，這項任務對這個員工是機會？從哪方面來說是負擔？
- 你是否必須在時間和專案範圍之間作出取捨？如果是的話，符合截止期限比較重要，或創造傑出的成品比較重要？授權在這方面有何助益？

## 第 3 步：設定授權工作的內容

你希望你的直屬部屬做什麼？要盡量具體說明你要交付給他的活動，以及你想看到的成果。你委派的工作是任務、專案或職能？

- **任務**是個別的活動，像是撰寫報告或規畫會議，通常有明確的時間表、工作流程和結果。例如：「我希望你進行一項顧客調查。下週五前我們要拿到結果（數據加分析）。」
- **專案**包括實現一個特定目標的多項任務，目標可能是評估顧客需求，或制定新的行爲準則等。專案比單項任務需要更多時間、資源和協調。
- **職能**是指你的單位持續進行的活動，例如員工訓練，或是與資訊科技部門相互配合。職能和任務或專案不同，職能沒有開始和結束日期，而是一項持續的責任。但這不見得表示職能比較繁重。例如，規畫年度訓練課程需要做的事情，比重大的專案或引人注目的任務來得少。

你應該要能清楚說出你要授權的全部任務、專案或職能，並列出所有相關的子任務和應交付成果。你也應該清楚知道委派的工作需要什麼技能。以下是一個例子：

- **專案：**訂出新的員工行為準則。
- **任務：**檢討公司目前的準則和業界標準；舉行焦點小組座談 或進行意見調查；會晤人力資源人員和公司律師；分發草案以徵求意見；提出最終建議。
- **技能：**研究、規畫、分析思考、書面與口頭溝通，以及關於群組排程（group scheduling）和意見調查應用程式的知識。
- **應交付成果：**新行為準則的完整定稿，大約四十頁。向公司領導階層簡報有關行為準則的提案建議。

這是基本的「路線圖」，你向直屬部屬談到委派工作時，應提供他一份這種路線圖。對於經驗豐富的員工，你可能不需要這樣詳細逐項說明工作內容。但一般來說，過於詳細比較好，以便在一開始就消除任何誤解。

## 第 4 步：選擇授權對象

誰適合執行這項委派工作？這方面有很多因素需要考量，包括：

- **員工可用性**。誰有空做這件事？如果某人太忙而無法接受新任務，你如何幫助他騰出時間？
- **技能**。誰擁有做好這項工作所需的認知能力、人際關係能力，以及技術能力？如果你委派他們這項工作，誰會學到重要的新技能？
- **工作動機**。誰會欣然接受這項委派？這項工作是否和部屬的職涯策略或個人目標一致？與顧客、供應商和其他員工的關係，對這項委派工作會有助益，是誰擁有那些關係？
- **需要的協助**。這個人需要你多少幫助才能成功？你能督導他嗎？
- **團隊動態**。你以前是否曾授權許多工作給這個人？這項委派是否看起來像徇私偏袒，或者像是懲罰？

你應該要能向部屬和上司解釋，爲什麼這個人適合做這項工作：「從技術角度來看，路易斯很適合執行這個專案，這也是他獲得領導經驗的大好機會。」

## 第 5 步：決定何時授權的時間表

這項工作何時可完成？截止期限很重要，但要考量整個工作流程的時間限制。你是否在等待某些資訊傳來，或等待關鍵的協作同事有空？如果委派的工作分爲多個階段（規畫、測試、執行等等），每個階段需要多久時間？

你應該作好準備，爲員工設定這項工作的明確截止期限和（或）時間表。

### 第 6 步：概述授權的流程

你的員工會如何做這項工作，以符合你的標準？你不需要訂定詳細步驟的計畫（那可能變成微觀管理，本章稍後會討論）。但要考慮以下因素：

- 你的員工是否需要和任何人合作，才能完成這項委派工作？
- 這個人會有多少權力作決定，並管理其他人？
- 在這個過程中，你會扮演什麼角色？你何時會向直屬部屬查詢情況，而這個人應該在何時請你批准他的行動？
- 這項工作的預算多少？你的員工需要什麼其他資源（包括額外訓練），而你如何協助取得那些資源？
- 你如何要求員工對專案的時間表、預算和品質標準，負起責任？你會用什麼指標來衡量那些事情？

## 把授權計畫告知你的員工

你已擬定要委派的工作，現在該是時候把員工找來，告訴他這項授權計畫、徵求他的意見、釐清任何問題，並商量確定這項工作明確的時間表和評量基準。

在此你的目標有兩個，你必須仔細地談論和聆聽。一方面，你應概要說明你對這項委派工作的期望，好讓員工清楚了解你的要求，以及怎樣才算成功。另一方面，你應釐清你現在的計畫是否可行，並且盡可能考慮周全，以幫助員工做好工作。

但這兩項目標各自需用到不同權力；這是授權如此困難的部分原因。你有多少部分是指示，有多少部分是徵求意見和同意？如果你的員工拒絕這項委派，你要如何處理？委派工作和設定期望，是經理人的特權，是你的「職位權力」的一個特質。但爲確保工作確實順利進行，你可能需要採取較彈性的態度。請記住，運用你的「個人權力」時，最重要的是和別人建立關係、進行積極的對話，並與別人一起創造、也藉由別人來創造最佳可能結果。你若在授權時使用個人權力，就比較可能獲得對方同意，並激發他的熱忱。除非絕對必要，應避免使用職位權力。

若要管理這些相互競爭的目標，最佳方式是將談話分爲兩個不同階段。向你的員工解釋，在談話的前半段你會解釋這項委派工作，接下來你們會有機會討論和釐清這個計畫。

## 第 1 步：解釋委派的工作

備妥你的書面授權計畫，以免說錯內容或遺漏細節。在談這件事的時候，你應該盡量清晰和精確，以避免錯誤表達你要求的事項。準備一份你委派工作的副本，讓員工查看細節、做筆記，然後帶回書面授權文件以展開行動。

這段談話涵蓋的內容，應該就是你在規畫階段檢視的基本議題：爲何授權、授權內容、授權對象、何時授權、如何授權。你可能會想要多加說明清單最後面事項的細節（截止期限、工作流程），但你的員工仍然需要知道前面事項的很多細節。把它想成是設定工作內容：這項委派工作的目的是什麼？它如何配合你的團隊或組織的整體大局？你爲什麼指派他們負責，有什麼好處？如果這是延伸性任務，他們可能也會擔心是否有能力應付這個挑戰。因此，應強調你打算提供的任何特殊訓練或指導。

## 第 2 步：商定計畫

一旦你攤開初步計畫，就要開始回答問題、解決疑慮，並採納員工的好建議。他們可能急於提出問題，而如果沒有，請嘗試下列說法：

- 「你對這一切有什麼問題？什麼地方不清楚？」
- 「對於如何改進這項委派工作，你有什麼構想？」
- 「你對於自己在這項工作上的權限，或者你如何和別人協作，是否有任何問題？」
- 「我想我們可以用 X 方式在這項委派工作上合作。你有什麼疑慮嗎？」
- 「這個時間表是否可行？你預料這個工作時程安排會有什麼問題嗎？你有什麼構想可解決這些問題？」

- 「我認為對你來說，這是打造X技能組合的大好機會。你認為，這項委派工作是否符合你的專業目標？」
- 「你需要我做些什麼，好協助你成功？」

你不必接受每個建議或要求，也不見得要贊同每個構想。但在你斷然否決之前，想想你能提供什麼。例如：

- 「我喜歡你的獨創性，但我不認為這行得通。原因是……」
- 「我想我們無法滿足這個要求，但我們可以改為替你做X。這樣可以消除你的疑慮嗎？」

儘管你說得委婉動聽，部屬仍可能對這次談話的反應不佳。也許他們覺得工作過度或受到剝削；也許他們害怕承擔超過自己能力所及的事，然後在眾目睽睽下失敗。要注意他們是否有非語言的線索，顯示他們對這個機會缺乏熱忱，並溫和詢問他們的疑慮所在。如果他們明確拒絕，就提出問題，並仔細聆聽他們的答覆。他們的疑慮是否合理？你能處理嗎？他們的論點是否有道理？你是否應該考慮改變那項工作的範圍，加派一個人與他協同工作，或將專案另行分配給他人？如果你發現必須回去修改計畫，就有風度地結束談話：「感謝你誠實回應。你提出了一些重要的問題，我必須對這個計畫做多做一些研究／檢討，才能再繼續進行。我很快會再跟你討論。」

如果你不能更改這項委派工作，或者你判斷沒必要改變，要讓你的直屬部屬知道你了解他們的感受。然後再次說明為何這項工作如此重要，為何你要委任他們去做，以及他們未來的回報會是什麼。最重要的是，告訴他們你希望他們成功，並會竭盡所能幫助他們。考慮以下說法：

- 「我明白你覺得焦慮／沮喪／不知所措，我很遺憾你有這種感覺。」
- 「我確實相信這件事你能辦到，並且會做得很好。如果我對你的能力沒信心，就不會提出這個要求。」
- 「這幾週的情況會很困難。但是你的貢獻會很重要，因為……」
- 「我知道這是額外負擔。我也認為這是好機會，讓你建立技能／發展人脈／推動職涯進展／在我們團隊之外獲得肯定。」
- 「我希望你成功完成這項任務，我會盡我所能幫助你。」
- 「感謝你承擔這項工作。我知道你對這件事不太高興，我很感激你在這事情上的投入，與展現的品格。」

## 第 3 步：記錄你們的協議

會議結束後，發送一封電子郵件，概要說明這項委派工作，包括應交付成果、截止期限、評量基準、協作人員、品質標準、流程要求，以及你下次詢問進展情形的日期。如果你承諾提供任何資源或協助，那些細節也須列入。如果其他人（你的上司或其他員工）需要知道有關這項委派工作的事情，你可把電子郵件副本給他們。

或者，你可以要求部屬記下他對這件事情了解的內容，並傳送給你。這可測試他們的了解程度。

## 提供支援

委派員工任務後，你的責任並未結束。身爲授權經理人，你的最大挑戰是確保你的直屬部屬不會失敗。他們的優良表現本身很重要，而且也可以在整個公司和團隊其他成員之前，爲你增添光彩。如果出了差錯，你必須在還能補救之前，協助解決問題。

## 監督進度（無需微觀管理）

若要爲員工的工作設定節奏，你應定期更新最新進展。這表示你應爲這項工作設定清楚的時間表；理想情況下，你在規畫階段就該設定時間表了。對於小型任務，在截止期限之前查詢進度一、兩次就已足夠。對於較長期、較複雜的專案，要考慮將這些溝通交流與某個定期活動掛鉤，例如員工會議，或是每週一次以電子郵件報告最新狀況。要求你的直屬部屬在每次報告最新狀況時，提供幾個關鍵資訊：他們的工作時程表進展到哪裡，已達成哪些階段性目標，面臨什麼問題，是否有任何疑問。

利用這個機會查看員工的進展情況，並採取必要的步驟，持續推進工作。同時記錄你針對他們最新進度報告的建議或指示。

然而，許多用意良好的經理人，在監督部屬工作進度方面做得太過度。你應避免下列行為：對直屬部屬緊迫盯人，事後指責他們的決定，以及進行沒有必要的或長久的討論。不要向部屬提出一大堆建議和問題：「你試過這個嗎？那件事有任何最新發展嗎？不要忘記截止期限！」這種行為是在浪費時間，並顯示你缺乏信心。

若要避免這種微觀管理，不妨把你在這方面的角色想成是監督者和教練。作為監督者，你要定期聯繫查核，檢視專案的重要指標，如評量基準和品質標準。你應詢問這類問題：「你正在進行這個專案裡的什麼任務？專案進行到什麼階段？我們有按時程表在進行嗎？你能向我說明你最近的工作嗎？」作為教練，你應定期聽取部屬的報告，以解決問題，並提供支援。你可以詢問這類問題，「你目前遭遇什麼障礙？你如何克服那些障礙？你需要哪些資源或協助？接下來你需要我做些什麼？」你甚至可以針對棘手的討論進行角色扮演，或者針對你的員工如何有效和別人溝通合作，提供積極的建議。

如果你的員工擁有必要的技能和資源，得以解決隨著計畫出現的任何問題，那麼監督和指導就會很有效。但若他們缺乏解決問題所需的技能或影響力，你可能必須採取直接行動，以排除障礙。

## 指導你的授權對象

一旦設定好這些例行做法，你可能不需要太積極介入，就能讓工作順利進展。但若出現問題，你可能需要參與更多。建立一種指導關係（coaching relationship），以便：

- 協助你的員工評估情況
- 鼓勵他們提出自己的解決方案
- 確認你對他們的決策能力有信心
- 爲迄今完成的工作提供正面強化

關於如何進行指導的詳細步驟建議，見第 10 章的「指導和培養員工」那一節。

## 排除障礙

如果你的授權對象無法獨力處理某個問題，例如，另一位經理人拒絕分享資料，或全公司的系統停機，你可能也需要進一步介入。你是否能修改專案的工作時程表？你是否能提供更多資源？你是否能承擔一些子任務，好讓工作仍按時完成？

你開始授權工作時，必須很認眞地承擔起排除障礙的責任。你的職責，是消除會阻礙團隊高生產力工作的障礙。如果你必須和同儕或上司接觸交涉，可能會需要勇氣。不要迴避這一點，這是隨著授權而來的責任之一。

## 避免反向授權

有時候，你的員工會「授權給你」，有可能是完全放棄你委派給他們的任務，或是給你帶來許多問題與待作的決定，結果實際上是你在承擔那項任務的重擔。反向授權是危險的；因爲你看不到你在授權計畫中提出的好處，反而可能因爲一直在解決問題而感到疲憊（新經理人尤其常面臨這種挑戰）。檢視你的行爲，察看是否有造成反向授權的三個常見錯誤：

### 未能提供委派任務的背景資訊。

你可以用比員工更寬廣的觀點來看公司；如果你在公司任職很久，對公司的運作情形的記憶也會較長久。因此，不要假設你的員工懂得如何應付公司裡的政治運作，例如，務必及早諮詢某位主管的意見，而工作必須做得很完善才可以提交給另一位主管。如果那項委派工作橫跨不同單位，你應向你的員工說明重要的參與者是誰，以及哪些組織目標的關係重大。如果你授權的是別人以前曾做過的工作（例如主持策略檢討或規畫年度會議），你就應分享前一年的資料，或讓他們和上次做過那項工作的人員聯繫。

一旦出現問題就接手。

每位沮喪的經理人都曾這樣想過：「我自己來做還容易些。」短期而言可能眞的是如此，但長遠來看，你的效能取決於你團隊成員的能力和順應力。他們必須經歷自己的學習曲線，努力改正自己的錯誤。若你感到恐慌或憤怒不斷升高，就應在採取行動之前，強迫自己詢問員工一些問題：「你認爲問題是什麼？你認爲我們有什麼選擇？你建議我們採取什麼行動路徑？」

不做正面強化。

你最需要幫助的員工向你提出一個基本問題，有關他在一個月前就應該完成的那項任務，你可能看不出他這麼做有値得讚美之處。但若你確實相信他能完成那項工作（否則你當初爲何委派他做？），你的鼓勵會比責備更有可能激勵他成功。你若表示沮喪與失望，只會削弱他的信心，導致他產生迴避心態：「這項工作讓我對自己感覺很糟，所以我什麼都願意做，就是不想做這件事。」你可能需要給他一些適當的建設性回饋意見。但是，你同樣有必要表達你對他至今所做工作的肯定，以及你確信他能完成任務。

## 為員工奠定成功基礎

當你懷著信心把工作授權出去，你規畫的那項工作就會是你員工可以妥善完成的工作。仔細規畫交辦工作相關事宜，就能為他們奠定成功的基礎。

## 重點提示

- 授權可降低你的壓力，讓你專注於只有你能辦到、高度優先、高影響力的工作。授權還可讓員工獲得管理經驗，並滿足人類內心深處渴望不斷成長的需求。最後，授權可讓你將公司的資源最大化，並透過加強互信與自信來提升團隊績效。
- 制定計畫很重要，例如，如此你才不會把任務委派給缺乏所需技能的員工，或者錯誤傳達你希望他們執行的任務。
- 和你的直接部屬會面時，不但要說，也要聽；你應該要能聽到他們說已了解任務，也應聽聽看他們可能有什麼問題或疑慮。
- 工作交辦之後，你的責任並沒有結束。你應監督直屬部屬的工作進展，監督的方式要依專案的重要性而定。
- 小心是否有反向授權的情形，一旦出現，工作的負擔就仍在（或回到）你身上。
- 例行聯繫查核進展，與微觀管理並不一樣，後者會浪費時間，並顯示你缺乏信心。

## 行動項目

**規畫你的授權：**

- ❑ 分析你自己如何運用時間，以決定什麼工作適合授權委派別人去做。
- ❑ 釐清這次委派任務的目的：這項安排對你、你的員工和公司有什麼好處？
- ❑ 界定你要交辦的任務、專案或職能。逐項列出和這項工作相關的子任務，以及應交付成果。
- ❑ 選擇一位有時間、技能、動機，來做好委派任務的員工。
- ❑ 訂出這項工作的時間表：截止期限和任何其他時間限制。

**安排和你的團隊成員見面，然後：**

- ❑ 根據你授權計畫的「（授權）原因、內容、對象、時間、方式」這樣的結構，來解釋你要求他做的工作。
- ❑ 詢問回饋意見。納入員工的建議，並盡可能釐清員工的疑慮。
- ❑ 在會議之後發送一份電子郵件，盡量詳細記錄你們的協議。

**支援你的團隊成員：**

- ❑ 監督進度，對較大規模的授權案，要求定期報告最新狀況。

- ❑ 如果員工碰到特別困難的問題，就安排一個指導會議，以協助他們想出解決方案，並提供指引。
- ❑ 如果員工遇到無法自行解決的問題，你應直接採取措施排除障礙。
- ❑ 專案進行過程中，鼓勵你的授權對象。

Management

# M

以部屬能聽進去並據以行動的方式，

提供回饋意見，

可以增強他們對你的信任，

接受你的指引和指導，

並爲你的組織提供價值。

因此，你必須即時提出回饋意見，

讓你和部屬掌握最佳機會解決問題。

第 10 章

# 提供有效回饋意見

H B R

## Giving Effective Feedback

提供回饋意見給你的員工很重要，可協助他們在本身職位上表現成功。正向回饋意見可強化好的工作表現。讚美與指導型的建議，可為你和員工建立真正的密切關係。你告訴直屬部屬「你做得很好，恭喜！」的那些時刻，展現了強有力的連結，讓部屬建立對你的信任，尊重你是領導人。

糾正性（corrective）回饋意見，強力要求對方更改行動路徑，或調整無效的做法。經理人（即使是經驗豐富的主管）往往害怕進行這類談話。沒有人喜歡告訴直屬部屬，他們工作表現不佳，或他們需要調整態度。但若處理得當，這些談話會真正改變你員工的行為、技能和工作成果。這些互動可為多方面創造價值，包括為你自己（提高你團隊的生產力），為你的組織（帶來更好的成果），也為你的員工（對自己的復原力與成長感到自豪）。

無論你是準備進行績效評量，或設法增強明星員工的能力，或者只是要協助陷入困境的員工回到正軌，本章都可協助你在提供回饋意見給員工時，能讓員工聽懂、理解和執行。

## 即時提供回饋意見

你的組織可能已有幾種既定的機制，可提供回饋意見給員工，像是指導會議、年度評量、績效介入措施等。其中每一項都有重要作用。但是，進行這些正式的定期會面時，提供回饋意見的談話不應只是不得不做的苦差事，而應該是你日常工作中持續要做的事。提供回饋意見的最佳時機（無論是正面的或建設性的意見），都是在當下。即時告知員工，你對他的表現或行爲的看法，如此可以對你讚賞的事表達肯定，或者讓員工有機會立即將失敗之處轉爲成功。提出糾正性回饋意見，可能會讓你有壓力，因此你或許很想等到不良行爲再次出現時才說。不要拖延！不論你是要讚揚員工或告誡他們，在你仍清楚記得情況時表達，溝通才會最有效。

針對相同情況，比較這兩種做法：

你注意到直屬部屬葛哈德（Gerhard）監督的生產階段出現瓶頸，他通常對自己的高效率感到自豪。

第一種做法：葛哈德最近有點煩躁易怒，你擔心若指出他耽誤了其餘團隊成員，他可能會出言不遜。此外，你覺得葛哈德通常做事自有打算，他必定有個計畫，對吧？你決定最好再等幾天，若那個問題變得更糟再和他談。下一週，另外兩名部屬布麗塔（Britta）和丹妮拉（Daniela）要求開會。他們解釋說，葛哈德沒趕上關鍵的最後期限，導致整個生產計畫陷入困境。而且這個問題可能已來不及解決，無法按照原本承諾客户的時間送交產品。布麗塔和丹妮拉離開之後，你知道得和葛哈德談談。若是你幾天前就與他談，會比現在談更容易多了。

第二種做法：你和葛哈德同一團隊的布麗塔與丹妮拉談過，比較了解整個狀況之後，就去找葛哈德。你稱讚他先前的工作品質，然後問他現在情況如何。他描述問題時，你發現他錯誤地高估了生產流程中一個新步驟所需要做的紀錄。你澄清了那些要求，葛哈德很高興停止那項既耗時又令人沮喪的工作。一天之內，生產工作時程就回到了正軌。

在第一種情境，延遲提供回饋意見，使你錯過一項關鍵資訊，並危及重要的營收來源。你選擇不提供即時回饋意見，對公司和葛哈德都不利。葛哈德之後仍會對自己的表現感到難過，而你之後也仍需和他進行棘手的談話（而且變得更棘手了）。在第二種情境，你和葛哈德的談話很快就帶來可貴的改變。在早期介入，可讓你得到具體成果，並協助葛哈德再度對自己的工作感到滿意。即時提供回饋意見，也方便你日後查核進度。

若在你的管理做法當中，經常給予員工讚美和建設性批評，可創造無數的新機會來追蹤改進、進行調整、共享資源，並提供支援。以下是可嘗試的一些說法：

- 「這項工作非常出色。我欣賞你做的這個……」
- 「我認爲你可以做得更好。我特別想到的是……」
- 「你能幫我了解你思考這一點的過程嗎？」
- 「關於這點，我能提供你另一種思考方式嗎？」

## 提供棘手的回饋意見

我們避免當場提出糾正性回饋意見的一個原因，是提出批評的人可能並不樂於做這件事。許多經理人擔心：

- 批評會引發高度的情緒反應，像是憤怒或哭泣，或者是被批評的人會閉口不談。
- 他們需要處理的問題，太過於涉及員工本身，挑戰這個人自認是稱職專業人士的自我感受（sense of self）。
- 他們必須告訴部屬，他的薪資或工作可能不保。

如果要減輕這些因素，可依照以下步驟進行：

### 第 1 步：客觀了解情況

歐洲工商管理學院（INSEAD）教授尚－弗杭索瓦．曼佐尼（Jean-François Manzoni）建議，首先檢視為何你需要提供回饋意見。他說，太多時候我們對一些情況作出強勢結論，而未考慮到其他可能性。譬如說，如果我們懷疑某個人難相處的個性導致團隊衝突，我們很少再考慮其他原因，例如，牽涉其中的那些員工，是否彼此的工作風格有衝突。

我們往往也會以輸或贏的角度，來看待提出回饋意見的結果。因為我們對問題的根源有固執的既定想法，我們自認知道唯一的解決方案。如果提出回饋意見的互動結束後，那名員工沒有接受解決方案，就以爲那是失敗。

你一旦注意到有那些偏誤，就可以改正它們。首先要分析你實際了解的情況：

- 你親眼看到什麼？什麼偏誤可能扭曲你的記憶？
- 其他人告訴你什麼？他們有什麼偏誤？
- 你還解讀了其他哪些線索：語調、肢體語言、一連串事件？你應賦予這些解讀多少重要性？
- 你不知道什麼？你沒有目睹什麼？你尚未聽取誰的觀點？
- 對那名員工的行動和行爲，有什麼其他可能的解釋？

一般來說，你從這些事實得出的結論愈少愈好。相反地，要從中找出你想問員工的問題。

## 第 2 步：規畫會談

在會談之前寫下你的要點，包括在第 1 步中提到的問題，或任何你想傳達的其他資訊，例如需要改變的行爲，或改變行爲的目標。這麼一來，你就會知道在會面一開始要說些什麼。開會時若話題走偏了，這些筆記還可幫助你重新調整方向。

可能的話，事先自行排練，或找個同事和你排練。角色扮演可幫助你從直屬部屬的角度了解情況，並看出哪種方法最有效。

也讓你的員工提前知道你要討論什麼，他們才不會覺得措手不及，例如你可以說：「明天我想和你談談最近生產流程的效率。」

## 第 3 步：主導會議

會議開始時，通常最好是立即提出負面回饋意見。有些經理人會詢問引導性問題，試圖緩和令人不快的對話，例如「你對現在的表現感到滿意嗎？」但若你的員工不知如何配合你這種做法，或選擇不配合，你們兩人都會感到沮喪。紓解尷尬的另一常見技巧，是使用「回饋意見三明治」（feedback sandwich）：一開始先讚美，然後批評，最後以讚美結束。但若你沒有任何眞正的美言要說，你的員工會看出你的用意。相反地，你應在一開始就提出你想討論的主題：「我想談談你的生產量，以及已出現的瓶頸。」

### 談論員工的行為，而非動機。

通常員工的生產力若是下降，我們比較可能會責怪他們懶惰，而不是調查其他因素，如流程改變。根據曼佐尼的說法，這是因爲「大多數人往往高估個人穩定特質的影響…而低估個人工作時特定條件的影響。」但我們通常是錯的。即使我們沒有錯，分析個人特質也會讓你與員工疏遠。

你提供回饋意見時，要專注於行爲與技能。避免做籠統的陳述（「你是X類型的人」），也不要採用斬釘截鐵的說法（「你總是做Y」）。相反地，要使用以下這類說法：

「我擔心你這種行為。」

「你這樣做時……」

「你這麼說時……」

「由於你的行動……」

「這種行為對你的同事／公司／我的影響是……」

「我想討論的結果是……」

## 引導員工說出觀點。

曼佐尼表示，你為防範自己的偏見所作的準備，加上對情況的了解，讓你得以向員工提出問題，而非指責。「我不知道你是否察覺到這件事，也不知道這件事是眞是假，但我聽說我們的生產進度落後了。你覺得怎麼樣？」

詢問你的員工對問題的看法，如此你有可能會得知一些重要事情：或許他們涉入你所不知的辦公室人際衝突，或是他們正在處理的技術問題比你知道的複雜得多，或是像葛哈德那個例子，他們可能誤解公司的期望。

其次，要讓員工有機會解釋發生的事，如此你就可以傳達出你把他們當人看待的訊息。你的員工在這種情況下可能感覺非常脆弱，必須要讓他們相信你想要公平對待他們，也在乎他們對事態的看法。

考慮使用這類說法：

「你對這個問題有什麼看法？」

「我所說的情況是否符合你實際經歷的情況？」

「我有遺漏什麼重點嗎？」

「我明白你的意思。」

「那是重要的觀點。」

「在這方面，你和我的看法一致。」

「謝謝你和我分享這些資訊。」

## 不要升高對立。

如果你的員工挑戰你，質疑你提出的事實或反駁你的解讀，你應先深呼吸再作出回應。在這種時刻，經理人經常寸步不讓，因爲認爲自己的權威遭到考驗。其實，在艱難的情況下，你若誠實、公平且寬厚，會獲得較多個人權力。試著找出你們有明確共識的點，然後也要找出意見不同之處，並持續針對這些點提出問題：

「你能幫我清楚理解這一點嗎？」

「聽起來好像你聽到我說X。我一定沒有傳達清楚，因爲那不是我的意思。我的觀點是Y。」

「我們對X的看法相同，但我認爲我們對Y的想法有落差，我想落差來自這個……你認爲呢？」

### 第 4 步：展望未來

就像進行指導和績效評量時一樣，你應該把談話轉向對後續步驟達成共識：「所以，今後你要用精簡的做法來編製生產紀錄。」如果你們的看法無法達成共識，或者對話變得太激烈，你可以按「暫停鍵」：「今天我們就談到這裡。我想我們都需要一些時間，來想想今天談的內容。我們可以在一週後再開個會。」花一點時間，你們兩人可能就會冷靜下來達成協議，或讓你有時間徵詢他人的意見。

## 指導和培養員工

指導是你和你的團隊成員之間的主動對話，用意在促進高績效和長期發展。指導當中屬於處理事務的部分，所占比重少於回饋意見，回饋意見往往聚焦於特定狀況與結果。史丹福大學商學院（Stanford Graduate School of Business）講師暨高階主管教練艾德・巴帝斯塔（Ed Batista）認爲，指導的做法可廣泛應用，各層級經理人都可透過指導直屬部屬而受益。

巴帝斯塔將指導描述爲「提出問題，幫助人們找到適合他們的答案」的一種實務做法。提出問題，而非提供解決方法，可促使你的員工培養批判性思考能力和自主行動的自信，同時讓他們負起責任解決問題，並爲結果負責。最終，你的目標是協助員工變得更有順應力，並能獨當一面。

指導需要雙方投入時間、努力和坦率的態度，是一種眞正的伙伴關係。你可以強制直屬部屬參加有關他們績效的會議，但你無法使他們對自己的工作做批判性思考、嘗試新技巧，或在遭到失敗時堅持不懈。不願做這些事的員工，不適合接受指導。但若你和部屬以熱誠和相互尊重的態度，來建立指導關係，這會是你培育人才的強大策略之一。

## 何時進行指導

大多數經理人都以半正式方式來指導，定期舉行會議和討論，有時會談到目標、行動項目和後續行動。話雖如此，你仍可在日常互動中使用指導策略，例如，如果直屬部屬在走廊碰到你，提出一個問題，你就可藉機指導。若要判斷在某個情況下進行指導是否有效，可尋找以下線索：

- 你的員工眞心想提高績效。
- 他們感到沮喪或無聊，因爲沒有發揮長處。
- 他們在專業上受到個人障礙的困擾，例如害怕公開演講。
- 他們已訂立具體的專業目標，需要有人協助達成目標。
- 他們很擅長做自己的工作，但不知如何管理自己。

如果你認爲指導可協助你的團隊成員，就告訴他們你願意指導他們。這個時候就應說明你要如何進行指導：「我想和你一起工作，當你的教練，協助你解決 X 問題／處理 X 行為／培養 X 能力。如果你同意，我們就定期開會，針對這一點一起設定目標，一起解決問題。我的角色是支持你成長，不是給你戰術指引。把這段開會時間當成是專用的半小時，我擔任你徵詢意見的對象與資源。你願意這麼做嗎？」如果你的員工同意，就安排你們的第一次指導會議。

## 如何舉行指導會議

企業主管教練艾米・仁蘇（Amy Jen Su）說，指導會議是一種特殊的交談。相較於績效評量或一對一會議，指導會議採取最廣泛觀點，檢視過去績效、目前專案和未來發展。

### 第 1 步：為會議作準備。

若要進行指導會議，你必須預先考慮和規畫，否則你的直屬部屬也不會去做這件事。要確定你想解決的特定績效問題，你想填補的技能落差，或是你要透過指導而讓員工為某個新角色做好準備。你的目標如何和他們的目標相結合？

## 第 2 步：以邀請你的員工主導來開場。

你的員工來開會時，心中會有他們自己想要處理的事項，因此先詢問他們關切的事項是什麼。「你想在這些會議中取得什麼成果？」「你想確保我們達到什麼目標？」你要提供什麼協助，取決於他們提出的需求，所以要留神聆聽這三類需求：

- **長期發展**。他們想建立新技能，或是致力於重大的職涯目標。
- **詢問事件或專案**。他們希望從近期的經驗中學習，並想出未來處理類似狀況的策略。
- **解決短期問題**。他們有個迫在眉睫的問題，現在就需要行動計畫。

你聆聽時，要尋找他們的目標和你的目標之間的關聯。他們的長期職涯策略，和你想要解決的績效問題之間，有何關聯？你如何在解決問題的會議中，處理技能落差？尋找共通性，你就能和員工共同決定這些會議的目的。

## 第 3 步：建立對問題的共識。

在這個階段，針對員工在當前情況中哪些做法有效、哪些無效，與你的員工建立你們兩人都認同的說法。「你的員工很可能比你更了解情況，」仁蘇說，而且他們當然比較了解自己的觀點。若要引導出所有這些資訊，你可以提出下面這類問題：

- 長期發展

「在這個領域，你覺得放心的程度如何？你希望覺得它怎麼樣？」

「你過去的表現如何？成功應該是什麼樣子？」

「現在你要如何爲這件事作好準備？可能有什麼不同的準備做法？」

- 聽取事件或專案的報告

「事情進展如何？理想的情況應該是什麼樣子？」

「你會怎麼描述你的影響力？什麼有效？什麼無效？」

「對這種事情，下次你會怎麼作不同的準備或處理？」

- 解決短期問題

「告訴我更多有關當前情況的資訊，包括你的任務和截止期限。」

「其中有哪些和我們團隊的最高優先要務息息相關？」

「你能採取哪些行動路徑？可行性如何？」

使用積極的傾聽技巧，提出開放式問題。可能的話，要控制你的反應；如果你保持中立、同情的態度，盡量讓你的員工說話而不打斷他們，他們就會比較有安全感，願意透露自己的弱點。

## 第 4 步：重新建構問題。

一旦員工闡明了他們的觀點，就可以開始一起尋求解決方案和後續步驟。不要提供建議（「你該嘗試做 X。我會這麼做…」），而應協助他們用更批判性的方式，來思考他們目前行爲背後的推動因素。要做到這一點，你可以協助他們看出自己所說的話當中有哪些主題，並提供不同觀點來看眼前問題。不妨考慮以下說法：

「你似乎擔心……」或「聽起來你擔憂的主要是……」
「我注意到你在這次談話中，多次使用這個詞。爲什麼這個詞對你很重要？」
「我看到你處理問題時，有一個模式。那是怎麼回事？」
「在我看來，你目前的觀點強調的是 X，沒有給 Y 留下太多餘地。這麼做會對你造成什麼阻礙？」
「你以前看過別人成功處理這種事情嗎？他們是怎麼做的？」
「如果你從這個角度來看這件事／試用這種技巧來處理，會怎樣？情況會如何發展？」

## 第 5 步：結束會議前訂出行動計畫。

結束時要爲部屬訂出明確的行動計畫，這可協助他們獲得實質進展，並讓他們爲後續情況負責。要求他們口頭表達這次會議的主要心得，或在會議結束後，以電子郵件寫下他們的待辦事項清單。在這個階段，你的角色是確保這些目標是務實的，協助他們設定各項任務的優先順序，突顯障礙，並腦力激盪想出解決方案，同時視需要而提供額外支援。

第6步：後續行動。

會議結束後，要跟進查核你直屬部屬的情況，以確保他們繼續改進。必要的話，可安排更多指導會議。要保持聯絡，以了解何者有效、何者無效、修改行動計畫、取得額外資源，以及提供回饋意見（無論是讚美或要求改進）。即使你的時間緊迫，仍然要將這些聯繫做法列入日程表。寫個簡短的電子郵件或幾句鼓勵的話，都很有助於維持部屬在成長過程中的努力動機。

## 績效評量

比起偶爾進行的非正式意見回饋對話，指導會議需要較多的規畫，但績效評量通常每年進行一次。正如指導會議，你可以使用績效評量來討論目標、提供回饋意見，並糾正績效問題。和指導不同的是，這些評量直接影響薪資決定和晉升。這可能對主管和員工都很耗費時間，並造成壓力。

如果以正確心態處理這件事，成果會是很值得的。你不常有機會和你的員工坐下來，當面說：「這是你目前的情況。」「我需要你這麼做。」「謝謝你的出色工作。」在這些會議當中，你可談論在日常工作中被忽略的所有重要問題。

你的正式回饋意見，為你的直屬部屬提供成長機會。此外，如果他們正苦於績效不佳，年度檢討可為他們提供一些保護。如果你在正式的定期會議中討論處理他們的問題，那麼在為時已晚無可補救時，他們不會因為壞消息而感到措手不及。

績效評量對你的組織也有價值。你收集、整理的資訊，有助於公司在薪資和培育人才上作出有效決策。如果涉及有問題的員工，績效評量可保護公司，免於遭到被解雇、降職或否決加薪的員工控告。

進行績效評量沒有單一正確方式：每個組織各有程序，每種狀況都有不同的挑戰。以下是一套通用步驟：

## 第 1 步：讓你的員工作好準備

重要的是，得讓你的員工參與流程的每個階段，以便納入他們的觀點。首先要求他們完成自我評量。在許多公司，人力資源部門可提供這方面做法的清單，其中包括與各員工角色相關的目標、行為和功能。如果你正在制定清單，應該包括如下問題：

- 你覺得自己達到專業目標的程度如何？
- 你最自豪的成就是什麼？是什麼幫助你成功？
- 你目前正在努力卻遭遇困難的目標是什麼？是什麼阻礙你進步？

無論你是使用人資部門提供的範本，或自行製做範本，要確保你參考的績效目標，是你在上次評量或當初雇用他們時，已告知他們的項目。你也可以使用這份清單來準備你自己的評量。仔細查看你收集的關於各員工績效的紀錄，像是他們從事的專案、你給他們的回饋意見，以及他們同事的抱怨或讚揚。可能的話，請向公司內曾和你直屬部屬共事的其他人，徵求回饋意見。

迪克．葛羅特（Dick Grote）曾爲全球數百家最大型組織建立績效管理系統，他建議在評量會議開始前一小時左右，提供一份你評量報告的副本給員工。「人們閱讀別人對他們的評價時，會有各種激動的情緒。讓他們在私底下情緒波動，給他們機會思考一下那份評價，」他表示

## 第 2 步：以伙伴關係的語氣開場

員工閱讀你的評量時，可能會有情緒反應，因此一開始你們坐定要開始開會時，盡量讓他們感到自在；不要讓他們覺得好像坐在被告席的犯人，即將接受審判。接下來，請你的員工談談他們的自我評價：「首先我想請你談談你覺得自己做得怎麼樣。」仔細聆聽，不要打斷。績效評量

的這一階段正如指導會議，可協助你了解直屬部屬的觀點，好讓你針對他的情況，專門設計稍後談話中對他的評語。

## 第 3 步：說明你的評量內容

傳統上認爲，績效評量是專門用來談論直屬部屬表現不佳之處。但是，只專注、或主要專注在負面表現，可能令人很沮喪。你應明確強調你欣賞部屬的哪些長處。如果他們的自我評量強調的是相同領域的長處，那就強化他們的看法。如果他們強調之處與你不同，你就應說明爲何你重視他們的某種才能或技能。

謹慎選擇在績效評量中要討論的最重要發展領域。用交談的語氣來檢討期望、落差，以及展示改進的機會。和所有糾正性回饋意見一樣，不要含糊其詞（「你不是善於團隊合作的人」），也不要提到你的感受（「我很失望」）。相反地，要談具體的行爲：「你做X時，會給團隊造成問題」或者「你沒有達到Y績效目標」。在這種時刻明確簡潔地表達，其實是你能做的最尊重人的事情：你對待部屬如同成熟的成年人，並告知他們改進所需的資訊。

## 第 4 步：探究績效落差的根本原因

你提出正向或糾正性回饋意見之後，應鼓勵你的員工反映他們的看法。密切注意他們如何回應，做法是：

■ **積極傾聽**。專注在部屬的訊息及其含意上，而不是你的回應。尤其要傾聽他們已琢磨過的批評要點，並注意他們使用的意象和隱喻。如果你聽不懂某件事，就詢問。

- **注意非語言線索**。觀察部屬的肢體語言和語氣。他們的聲音和面部表情是否和他們所說的話相符？針對你觀察到的情況來評論，並請他們告訴你更多：「比爾，你看起來似乎很生氣。是不是我說的什麼話，對你來說不公平？說來聽聽。」
- **重述部屬說的話**。你可使用不同的措辭來重述部屬回應的內容，以顯示你明白他們的觀點。如果有任何不清楚之處，就提出更多問題，直到你們看法一致爲止。

## 第 5 步：制定新績效計畫

爲部屬提供第一個制定計畫的機會，以彌補他們目前績效和要求績效之間的落差，你可以問部屬：「你有什麼提議？」他們會對自己撰寫的解決方案投入更多心力，並且更認眞負責執行。與指導一樣，你可以質疑有問題的假設，或提供想法來加強那份計畫。在有些情況下，你必須提出很多指示。對於有重大績效落差的部屬，這次對話的結果將成爲他們紀錄的一部分，內容應包括：

- 具體目標
- 時間表

- 行動步驟
- 預期的成果
- 所需的訓練或資源

你不必把談話範圍限制在長處和問題領域。距離上次績效評量可能已經一整年了，因此你也可以藉這個機會，重新檢討他們整體的績效目標。對於個別的團隊成員、你的部門和整個組織，那些目標是否仍然合理？

## 第 6 步：作成紀錄

記錄你們達成的任何協議，包括：

- 日期
- 部屬自我評量的要點
- 你的評量要點
- 績效計畫的摘要
- 商定的後續步驟
- 未來一年的績效目標

公司可能會要求你把這份紀錄（和績效評量）的副本，提供給你的直屬部屬和人資部門。你應保留一份在你自己的檔案中。多數情況下，你和部屬都必須在績效評量上簽名，而且他們有合法權利在上面附加他們的意見。

## 第 7 步：後續行動

年度績效評量討論過後，要記下每位團隊成員必須採取的後續行動。對高績效人員來說，這可能包括指導會議，以培育他們承擔新責任。對於陷入困境的員工，應該根據你們共同訂立的績效計畫，仔細監督他們的情況。考慮以下選項做為後續行動：

- 規畫每月或每季一次的會議，以檢查進度
- 較頻繁地聯繫查核，例如，每週以電子郵件或數位績效日誌（digital performance log）來提供最新情況
- 展開指導關係
- 協助他們找到一位導師，並建立關係
- 審核他們是否需要更多資源或訓練

在績效評量會議當中提供回饋意見，是較正式做法，因此需要採取一些步驟，例如較詳盡的文件製作和準備。但在提交你的評量時所採用的原則，與你較頻繁提供的非正式回饋意見所用的原則相同，也就是積極傾聽，並保持合作伙伴的語氣。

## 適時提供適當的回饋意見

糾正性和正面的回饋意見若提供得宜，都可解決迫在眉睫的問題，也可協助你的部屬在職涯中成長。以你的部屬能聽進去並據以行動的方式，提供回饋意見，就可增強他們對你的信任，接受你的指引和指導，並為你的組織提供價值。

## 重點提示

- 給團隊成員回饋意見，對於協助他們事業成功，極為重要。
- 正面的回饋意見，會讓員工把工作做得更好。糾正性回饋意見，要求接受意見的人改變路線，或調整行不通的做法。
- 即時提出回饋意見，讓你和部屬掌握最佳機會解決問題。
- 採取的流程應該是由你提出問題，並對這些意見產生的結果抱持開放態度，這會使你的意見更有效，更容易讓你的同事聽進去。
- 指導是你和團隊成員之間主動的對話，用意在促進高績效和長期發展。
- 雖然指導不僅適用於你的明星部屬，但並非所有情況下都適合進行指導。
- 績效評量採用的原則，也適用於其他形式的回饋意見，但前者還需要較正式的文件紀錄。

## 行動項目

**提供回饋意見時：**

- [ ] 檢視自己的偏誤與假設，以便用客觀角度來了解你想處理的情況。

- ❑ 規畫你想在會談時說些什麼，可能的話，找個同事和你排練。讓員工事先知道你們會議的主題，才不會令他們措手不及。
- ❑ 會議進行時，要談論行爲，而不是動機。
- ❑ 引導部屬說出對那個問題的看法，如果你覺得受到挑戰，要克制升高互動情緒的衝動；提出更多問題。
- ❑ 結束會議之前先展望未來：關於後續步驟和未來期望，你們能達成什麼協議？

**進行指導時：**

- ❑ 查看先前的線索清單，以判斷你面臨的情況是否適合進行指導。
- ❑ 爲指導會議作準備，仔細思考在指導關係中你自己的目標。
- ❑ 會議開始時，要求部屬帶頭進行。傾聽他的想法，並尋找他的目標和你的目標之間的關聯。運用這個共同立場，爲你們的伙伴關係訂出一個共同目標。
- ❑ 詢問開放式問題，以便對你們正在處理的問題達成共識。克制想要糾正或推翻部屬觀點的衝動。
- ❑ 重新建構問題，做法是協助部屬從他說明的內容當中找出一些主題，並提供新觀點來檢視那個問題。
- ❑ 結束會議前，針對他們的後續行動擬定具體計畫。讓他們主導這件事，但針對那些行動是否務實，提出你的建議。

- ❑ 後續再進行正式的指導會議或非正式談話。

**進行績效評量時：**

- ❑ 要求部屬進行自我評量。使用部屬的自我評量和其他績效紀錄，來製作你對他們工作的綜合評量。
- ❑ 會議一開始的時候，以合作伙伴的語氣請部屬說明他的自我評價。始終保持專業、友好的語氣。
- ❑ 接下來，仔細說明你對他們的績效評量。要在正面的和建設性回饋意見之間取得平衡，用坦率的措辭來敘述。
- ❑ 詢問他們對問題的觀點，以探究績效落差的根本原因。持續討論，直到你們兩人都明白根本原因為止。
- ❑ 請你的部屬帶頭訂立新的績效計畫，包括具體目標與時間表。把這份計畫記錄下來，並分發給相關人員。
- ❑ 確定你自己的後續行動項目，包括定期聯繫查核、指導會議，或是必要的其他支援。

Management

# M

身爲經理人，你最重要的職責之一，

就是培育直屬部屬的能力。

從授權員工到提供回饋意見和指導，

都有可能讓你在

人才培育的長期責任上獲得成功。

這不僅對你的員工有好處，

你和你的組織也都會受益。

第 11 章

# 培養人才

H B R

Developing Talent

世界不斷變化，你的組織也隨之改變。你的團隊（公司的人力資本）推動那些改變，並塑造你們公司的未來。你擔任經理人的角色，是要培育能滿足公司需求的人才。這基本上是未來導向的做法，確保你在今日和未來都能交出卓越的績效。提供回饋意見的目標是改善目前的績效，而人才培育的目標，則是要擴展員工能力，以應付未來所需。

最佳的經理人知道，如何在組織的需求和員工的興趣之間，取得平衡。你和員工合作以確認應有哪些新技能、新經驗和他們感興趣的新職責，你這是在協助他們找出哪些工作可令他們滿意。身爲他們的主管，你也需要在他們的願望和公司的需求之間，找到共同點。本章將說明培育員工的各種好處，以及如何發現培育人才的機會，並協助你的員工充分利用那些機會。

## 以培養員工為優先要務

身爲經理人，最重要、收穫最大的職責之一，就是培養直屬部屬的能力。這意味著協助他們：

- 發現自身的熱情與目的
- 確認自身的工作價值觀
- 了解組織的優先要務和政治運作
- 提高自身技能
- 擴展自身能力

- 以新經驗挑戰他們
- 找到導師，並建立他們的專業人脈
- 了解如何管理他人

你已思考過要如何爲自己做這些事情，並已和你自己的上司協商成長的機會（見第 8 章「自我發展」）。你問自己：「我的工作，如何契合我的職涯目的和人生的願景？」現在你要透過員工的眼光來看這個問題，你的動機有點不同：你希望協助其他人成長，並且能夠配合他們的較大目的，但你的重點放在，員工的成長如何和你單位的商業目標有交集。

你投注在培育人才方面的心力，可爲公司帶來很大好處。許多經理人認爲，員工的個人幸福與企業的需求是相互衝突的，他們必須在兩者之間作出取捨。但這是錯誤想法。培育員工是你的核心職責之一，因爲這可以直接爲你們公司帶來利益。鼓勵你的直屬部屬對本身職涯進行策略思考，並協助他們變得更有能力、更滿意現況，這就是在爲你的組織創造具體的價值。

培育員工也對你有好處。如果你能改善團隊績效，並促成前途看好的成員更上層樓，你就能提升自己在更高層主管當中的聲譽。此外，你員工的人脈擴展，也會讓你自己的專業人脈網絡更充實。新經驗使他們接觸到一些你可能樂於認識的人。你也可以更新你既有的人脈關係，因爲員工和你的老同事們（例如你們公司其他的經理人）發展新關係。投入時間與精力培育組織的人才，報酬很豐厚。

當然，在這方面你的員工是最明顯的受益者。明星人才得到的好處顯而易見，在你的協助下，他們的職責節節上升。但同樣重要的是，你應該花時間在所有部屬身上。即使是專業目標較普通的人，若是覺得你尊重並支持他們成長，他們在目前角色上也會有較佳表現。幾乎所有員工都有「持續學習」這個基本人性需求。研究員工動機的心理學家菲德烈．赫茲伯格（Frederick Herzberg）認為，金錢的激勵效果不如學習機會、責任提升和成就受讚賞。培育員工並不是要促成他們迅速崛起升上高層，而是要協助他們在日常工作中達到這種基本滿意程度，並充分發揮他們的潛力（無論是什麼潛力）。

## 和員工共訂職涯發展策略

高效能經理人協助員工發現自己工作的真正目標，以及如何以現狀為跳板去實現那些目標。要做到這一點，你應和你的直屬部屬討論他們的希望與夢想，還要進行務實的腦力激盪，好讓他們在組織內找到成長機會，並將他們目前的角色改造得更好。

以往，許多公司有較明確的職涯晉升途徑，可能得用略微不同的方式進行這類討論。以前大多數公司都有某種形式的職涯階梯，那是合理的一系列階段，推動有才幹、值得拔擢的員工，逐步晉升到較具挑戰性、責任較重的職位。一旦經理人和人資部門同事判斷某些員工已作好準備，就會將他們推上一級。成長路徑大多是單向的：向上，就在他們原本待的部門裡升遷。

今日，每個員工的發展路線圖比較複雜。你可以向上移動，但也可以作橫向職涯移動，例如，從客服代表轉爲使用者體驗研究員。此外，許多公司已採用彈性的組織結構，因此員工也可透過重新塑造本身職責，在原本的職位上成長。

這一切意味著，職涯的晉升，需要員工與經理人都有比過去更多的主動性和想像力。這樣很棒，因爲這讓你和員工有機會制定策略，以因應公司和個人需求，如果組織結構較僵化，是做不到這一點的。

以想要轉到顧客體驗的客服代表爲例。如果每個事業部都嚴格論資排輩（例如，顧客體驗研究員必須有至少三年擔任顧客體驗研究助理的經驗），那麼那位客服代表就很難調任顧客體驗研究員。但若你和對方單位裡職位相當的同事能夠合作，找來一個聰明的客服代表，部分時間在顧客體驗部門工作，兩部門都將大大受惠。顧客體驗團隊可直通客服部，以找出設計問題，客服部則可利用那位員工新的專業知識來改進內部工具，從重寫議程到客製化軟體設定，以及應對顧客的說法與服務。類似機會比比皆是。

## 第 1 步：和你的直屬部屬交談

從你的部屬開始做起。爲支持他們成長，你必須了解他們的抱負和目前發展狀態。你愈了解部屬，就愈能激勵、指導他們，並協助他們成長。在第 10 章「提供有效回饋意見」中討論的指導會議、績效評量和回饋意見會議，提供許多機會讓你了解部屬。若你尚未和他們討論這些較大格局的議題，請查閱「員工發展面談」那一欄的一些可能說法。

## 第 2 步：推薦培訓機會

結束談話之前，建議他們採取一些後續步驟：

- **與人力資源人員開會**，討論正式的技能培訓、導師計畫，或是其他成長機會。你能把他們介紹給和你有淵源的人嗎？
- **尋找非正式的培訓機會**。鼓勵他們尋找線上課程、本地會議或研討會，或者是書籍，以協助他們培養特定技能。
- **安排他們訪談公司其他人員，以取得資訊**。你能否介紹他們給可能擔任導師的同事，或是可提供學習機會（如臨時或兼職的任務）的同事？
- **讓他們嘗試爭取你支持重新設計某個工作**，以便解決你單位的某個問題，或提高你單位的績效，同時為他們創造新的成長機會。你能否告訴他們你的最重要問題，或分享其他資訊，像是正在推動你商業策略的組織優先要務？

## 第 3 步：重新檢視職責

你的員工在你們初次討論之後採取後續行動時，你可以做以下幾件事，好讓他們目前的角色更符合他們追求的職涯路徑：

- 重新定義他們的工作，好讓他們做更多他們喜愛的工作，並從中學習。
- 從你的團隊中為他們找到一位導師，傳授他們想了解的技能。
- 指派能協助他們成長的延伸性任務，或讓他們在公司的其他部門增加曝光度。
- 讓他們成為你團隊中的聯絡人，負責和他們感興趣的其他事業單位打交道。
- 和其他單位協商讓他們擔任臨時或兼職的任務。
- 讓他們參與你為消除各自為政的壁壘所作的努力（見第 5 章「成為有影響力的人」），以便和組織的其他單位進行協調。

其中有些選項，會減少你員工花在你的團隊裡的時間，到別的部門和其他經理人一起工作。不要把這看成是你失去他們的工作時間。設想周到的委派任務，也會讓你

## 員工發展面談

若要協助你的直屬部屬訂立並執行職涯策略，你應該與他們談談，以了解他們如何看待自己的現況和未來發展路徑。這是深入的交談，所以事先要讓他們作好準備，讓他們知道你想討論什麼，並告知你希望他們好好思考哪些問題。精神病學家艾德華．哈洛威爾（Edward Hallowell）研究高績效人員的大腦科學，你不妨借用他提出的問題，包括：

**興趣與技能**

如果要了解他們喜歡哪一類工作，希望繼續往哪個方向發展，就問：

- 「你最擅長做什麼？你最想做什麼？」
- 「你希望自己比較擅長做什麼？你有什麼才能尚未發揮？」
- 「你最自豪的技能是什麼？別人說你最大的長處是什麼？你比較擅長的是什麼？」
- 「無論你多麼努力嘗試，就是無法精通擅長的是什麼？你最不喜歡做的是什麼？缺乏哪些技能，成爲你最大的阻礙？」
- 「你是否能想出一些方法，把你最擅長和最喜歡做的事，盡量納入你的工作？」

- 「你能否想出一些方法，來強化你在目前角色上的長處和成就？」
- 「每個人都有弱點和討厭的事物。你認爲怎麼做，可持續彌補你的弱點和討厭的事物？你的工作需要有什麼改變，才不會受到影響？」

**組織契合度**

如果要了解他們需要何種環境才能蓬勃發展，就問：

- 「你和哪種人合作得最好，哪種人合作得最差？你是否討厭和非常有條理、分析型的人合作，或是喜歡和他們合作？創意型的人會令你煩躁，或是你和他們合作愉快？」
- 「哪一種組織文化會讓你展現最佳特質？如何調整會使這個組織更適合你？哪些方面最困擾你？」

**工作價值觀**

若要了解員工認爲好的職涯是什麼樣子，就問：

- 「你從父母那裡學到有關工作的最重要教訓是

什麼？」

- 「關於你自己，你曾有過的最佳上司讓你學到了哪些心得？」
- 「關於職涯管理，哪個心得是你想要傳給下一代的？現在你自己會如何應用這個心得？」
- 「在職場生活當中，你最自豪的是什麼？你對於自己安排的職涯發展是否有什麼遺憾？你是否能根據這些遺憾作出任何改變？」
- 「在理想的世界裡，你的工作與生活的平衡會是什麼樣子？展望未來六個月、一年和五年，你要如何達到這種平衡？」
- 「在職場生活中，你做什麼事情的時候最快樂？你如何把那件事納入你正在做的事？」

**未來願景**

如果要知道他們對自身發展具有什麼雄心壯志，就

的團隊受益。如果到後來你確實培育了某位部屬，可讓他在你的單位裡晉升，那麼，不同領域的經驗會對他很有用。如果他們最終選擇擔任你團隊以外的另一角色，那麼你將有一位同事，可了解並重視你單位人員所從事的工作，這

問：

- 「在工作方面，你對未來最珍視的希望是什麼？什麼阻礙了你實現那些希望？」
- 「你的短期和長期專業目標是什麼？」
- 「你是否有其他長遠的個人發展目標，與你的專業抱負相吻合？這些個人的與專業的目標是否相互有關聯？」
- 「我們如何把你目前的角色建構塑造得更好，以便為組織增添價值？公司裡有你想探尋的其他機會嗎？」

資料來源：改編自艾德華．哈洛威爾（Edward Hallowell）的《發光：運用腦科學激發員工最佳潛能》（Shine: Using Brain Science to Get the Best from Your People , HBR Press, 2011）

會為你帶來好處。

## 培養高潛力人才

高績效員工通常占你團隊成員約 5%到 10%，他們有獨特的需求。這些員工展現強大績效，也顯示有巨大潛力可爲組織做更多事情。這群人需要你花心力來培養他們的能力，並在組織裡宣揚他們的才能。若要確認哪些人是你的高績效員工，你應尋找以下團隊成員：

- 在多項衡量指標的表現超過你的標準
- 依據建設性回饋意見採取行動，以改善績效
- 展現潛力可在未來一、兩年內有更好的績效表現
- 對團隊作出重大貢獻
- 在壓力下努力工作，並分擔別人沒做完的工作
- 成爲其他人的正向楷模

高績效員工通常很重視自己的發展，並根據這一點來判斷你們公司是否爲建立職涯的好地方。你與明星員工開會討論個人成長發展時，首先要具體而詳細地讚揚他們的工作；他們可能不知道自己做得多好，也可能不知道何種努力對你和團隊的其他成員最有價值。

作好準備以討論可能對他們有益的機會，例如人資部門的技能訓練課程，或和另一團隊合作的臨時任務。（你爲這項會議作準備時，也許可以和你的上司聯繫，討論員工的發展如何滿足你們單位的較大需求，或是和你自己的發展計畫相符。）然後在公司內部及時採取後續行動，以確保公司提供那些資源和機會。即使這些做法都沒有效，你也應該要能告訴表現優異的人員，你正在盡力協助他們。你是他們的上司，你的支持對他們很重要。

除了促進直屬部屬的職涯目標，你也應該確保你（和他們）都了解，他們為實現這些重大成果而要付出的代價。如果他們的工作習慣無法長久維持，他們可能會心力交瘁，甚至完全離開你的組織。因此你應常常聯繫以了解他們的情況，確保工作沒有破壞他們的健康、家庭和休閒等重要生活功能。畢竟，你員工的工作與生活平衡取決於他們：如果他們以工作的名義，選擇放棄自己的嗜好和孩子的體育比賽，你也無法阻止他們這麼做。但你可以確保你傳達了明確的期望，並賦予他們權力以做好工作。養成習慣詢問以下問題：「我可以做些什麼來持續支援你？」和「我們組織能做些什麼，以便對你的卓越工作提供更大支援？」

高績效員工讓自己承受很大壓力，但你可做一些事情，協助他們以健康的方式成長發展：

## 用同理心來設定界限。

如果部屬在你上司面前打斷你的話，炫耀他們的專業知識，你可能很氣憤。但若向明星員工表達這種負面情緒，可能會引起反彈。不要說「那太過分了！」要等到你心平氣和時，試著提出富有同理心的問題，促使他們反省自己的動機：

「你稍早時的插話讓我很驚訝。那時你希望達成什麼？你認為效果怎麼樣？」

他們可能會這樣說：「我認為你忽略了一個要點，所以想要補充。」

不要爭辯。相反地，要溫和探究他們的回答：「我想我已向你解釋過我打算如何進行這次會議。是什麼讓你覺得我不會執行？」然後清楚說明你的期望：「下次我希望是這樣處理……」協助他們保有想要展現最好的自己的進取心，並鼓勵他們這樣做時，不要壓制或漠視其他人。

### 當面讚美，經常讚美。

高績效員工即使非常需要讚美，也常常會對別人的讚美感到懷疑。所以重要的是，要盡量具體表達你的讚賞，並要符合他們的自我認知。例如，如果他們自豪很擅長寫作，就不要說他們的簡報中的圖表一流。相反地，要提到寫作細節：「你在最後一張幻燈片的措辭非常有力。我們應該考慮將那些說法納入我們團隊的詞彙。」避免誇張或老套的說法，你的評語應該要真實。

你可能會覺得，不斷思考要如何讚美別人，這種壓力讓你疲憊不堪。這很自然；那確實會令人精疲力竭。但請記住，無論這些讚美在你看來有多麼不重要，卻滿足了員工重大的心理需求。你深入探查自己內心，對他們的卓越表現，表達你由衷的感激與欽佩，這麼做對他們會有幫助。

## 延伸性任務

延伸性任務讓員工有機會承擔新責任，挑戰目前的能力，並提供成長機會。這可能是臨時或兼職的任務，爲休假的同事代班，或負責短期專案。或者你是把一項重要的領導功能授權給員工，例如讓他擔任與另一部門聯絡的負責人。當然，最佳的延伸性任務是晉升擔任全職的職務，可能是你部門的另一個職位，或是公司其他部門的職位。

無論詳情如何，這些委派任務對公司、你的員工和你來說，都是經過評估而認爲值得冒的風險。如果你的員工成功了，公司會受益於他們的才幹，他們則獲得令人注目的新職責。你會因爲看到直屬部屬表現亮麗而感到滿足，他們的成功連帶提高你的名聲，而且你可用全新方式運用他們的才能（這一點取決於委派任務）。但若他們失敗，大家都覺得受到負面影響。公司可能在生產力或利潤方面遭受損失；員工士氣低落，在職涯路徑上可能倒退一大步；而你必須設法處理失敗的餘波，對你的單位和你名聲的影響。

這表示你最好謹愼選擇，全球獵才公司億康先達（Egon Zehnder）的資深顧問克勞帝歐·佛南迪茲-亞勞茲（Claudio Fernández-Aráoz）說。無論你是推薦部屬到公司其他部門，或重新指派他們在你團隊裡的工作，你都應該自問幾個問題：

## 他們真的擁有所需能力嗎？

他們的智慧、創意和職業道德，你可能已經很清楚。

但是，其他較難評估的無形特質也同樣重要。他們的動機是想要協助別人成功，或主要是出於自私的野心？他們是否擁有合適的領導資產，包括復原力、社交力和學習意願？他們是否真的準備好接受，承擔艱辛職務必須要付出個人代價？

### 這是合適的機會嗎？

佛南迪茲-亞勞茲認爲：「對高成就人員來說，發展的甜蜜點（sweet spot）是在你有50%到70%的成功機會時。」你要尋求的任務，應該是某位部屬確實有機會完成、但必須真的好好奮鬥才能成功達成的任務。在你評估合適的機會時，不要只考慮技能與經驗。也要考量文化契合度如何？你的直屬部屬是否有任何社會資本，可運用在這個任務上？你也應檢視，如果這項任務失敗，會對你們公司（和你自己）造成哪些後果。失敗可能造成多大損害？你能恢復嗎？

### 你能爭取到嗎？

爲部屬找到延伸性任務可能很困難，尤其若是你需要獲得管理高層或高階主管的批准。首先要找個合適的贊助人，也就是擁有適當權力和信譽的人，能夠連署你的推薦。你爲部屬爭取支持時，不要過度強調那位候選人的背景條件，而應聚焦於你認爲他具備哪些核心能力，所以很適合擔任那個角色。要準備詳細說明你管理這個人的經驗，並誠實陳述風險，以防日後發生什麼事情顯示你說了謊。最後，制定一份計畫，說明你的單位要如何調整因應這個變化。誰來執行這個員工目前的職責？如果這個委派工作分掉了他的時間，你要如何協助他管理時間？

在你的職涯過程當中，有些委派工作會產生反效果。只要大家都爲產生反效果的可能性作好準備，並了解相關風險，那就沒問題。

## 培養部屬打造雙贏

對經理人來說，培育人才的收穫極爲豐厚。要找到時間來做好這件事，並不容易。但你必須騰出時間。你爲建立主管與員工之間關係所做的努力，從授權員工執行任務，到提供有效的回饋意見和指導，都有可能讓你在人才培育的長期責任上獲得成功。你們公司依靠你來確保，未來的業務需求將會獲得滿足。你若是覺得時間不夠，並感覺自己的績效受到嚴密檢視，可能就不願意投入必要的心力來培養部屬。在這方面挑戰自我，不僅對你的員工有好處，你和你的組織也都會受益。

在第四部「管理團隊」中，你將學到如何將這些個人能力，引導至一個有凝聚力、有創意的團隊。

## 重點提示

- 身為經理人，你最重要且收穫最豐厚的職責之一，就是培育直屬部屬的能力。
- 組織也因你花心力培養人才而受益匪淺。協助他人成長，專注在如何讓人才的成長與你單位的業務目標有交集。
- 今日職涯橫向移動的情況，意味著你和你的員工可以很有創意地制定職涯策略，以因應他們的需求和公司的需求。
- 在你的團隊中，高績效員工通常占5%到10%，他們很重視自己的發展，因此有一套獨特的發展需求和風險。
- 對公司、員工和你來說，延伸性任務都是值得冒的風險，但也給你的員工帶來新的責任和成長機會。

## 行動項目

- ☐ 想想過去一年來，你為促進團隊成員的發展而採取的所有行動，包括指導、延伸性任務等。其中哪些活動目前有帶來好處？你還能做些什麼？

**和你的一位直屬部屬制定職涯發展策略：**

- ☐ 和直屬部屬討論他們的興趣與技能、組織契合度、工作價值觀和未來願景；進行「員工發展面談」（見先前的問卷）。

- 根據他們的回答，建議他們有哪些訓練機會。敦促他們和人資部門人員會面，在公司進行非正式的訪談以取得資訊，或爭取你支持重新設計工作。
- 更新調整他們的職責，好讓他們的日常工作更符合他們較大的抱負。

**培養高潛力人才：**

- 和你的上司及組織中其他同事討論，爲公司高潛力員工的發展，探詢成功機會。員工有什麼機會可發揮他們的才能？
- 定期和高績效員工討論他們的壓力程度，以及工作與生活的平衡：「這個星期你一直都很忙，而且你在週四會議上的表現棒極了。現在你覺得怎麼樣？需要什麼來爲自己充電嗎？」
- 承認並欣然接受公司需要定期讚揚高潛力人才。高成就的人，會正向回應對他努力的賞識。

**創造延伸性任務：**

- 若要評估某位員工是否適合擔任延伸性任務，你可以自問：他們具備那項任務所需的能力嗎？這是合適的機會嗎？我能爲他們爭取到嗎？
- 選擇一位贊助人來連署你的推薦，並準備一番說辭，以說明爲何這個人能成功擔任那個角色，你管理他的經驗如何，以及贊助人若是批准這項任務，公司會承擔什麼風險。

- ❑ 提供一切必要支援，以確保員工可在延伸性任務中出色發揮。定期聯繫查核，並支持他們成功。

第四部

# 管理團隊

## Managing Teams

面對各不相同的一群人，
你如何凝聚他們，打造最強的團隊？

## 第 12 章　領導團隊
Leading Teams

## 第 13 章　培養創意
Fostering Creativity

## 第 14 章　招募和留住最佳人才
Hiring- and Keeping- the Best

Management

M

經理人的職責，

是賦予權力給多元的個人，

讓他們組成一個團隊，

並交出共同的成果。

建立這種強大的團隊文化，

是讓高績效團隊

努力工作的基本先決條件。

第 12 章

# 領導團隊

H B R

Leading Teams

領導一個團隊，表示你要管理一群不同的人，他們聚集在一起以達成共同的目標。無論你的團隊是專門執行某個專案，還是職能性或跨職能的團隊，你都面臨同樣的一組機會和挑戰，把工作場所中獨特的個人聚集在一起時，就會面這些機會和挑戰。你結合了一群有著截然不同觀點、不同技能組合和不同背景的人，並要求他們密切共事。

當然，這些差異正是團隊有潛力創造優異成果的原因。如果你籌組的團隊成員想法各異，等於是讓不同的想法彼此競爭。你們從多個角度檢視問題，一起找出解決方案，若憑一個人是想不出這個解決方案的。你和擁有不同觀點、專業知識和需求的利害關係人，建立一種能創造成效的關係。你激勵所有團隊成員發揮所長，因爲他們知道，自己的專業知識很重要，且個人特質也很受重視。

你的職責是確保團隊所有成員，充分貢獻自己的潛力，讓團隊達到最高效能。在這一章，你將學習如何組成一個能夠執行任務的平衡團隊，無論他們的協同工作是跨文化或以虛擬方式進行，或者是在面臨衝突的情況下進行。

## 團隊文化和動態

你身爲團隊的領導人，擁有雙重目標。首先，你必須確保你的團隊掌握達成目標所需的適當能力組合，沒有重複或欠缺；其次，你必須創造一個讓人們充分貢獻的工作環境，讓他們能夠將自己獨特的能力和觀點，運用在工作中。結果是造就一個相互支援、協作的團隊文化，好讓多元背景的成員有成效地互動，以追求團隊的共同目標。

如果你合作的對象是已建立好的團隊，請使用表 12-1 的團隊稽核表，盡可能多了解團隊目前運作的情況、長處和弱點，以及你可能必須集中精力的地方。

無論你是從頭開始籌組新團隊，或評估你所接手團隊的需求，你都可以採取以下做法，來建立強大、支援的團隊文化：

## 步驟 1：籌組自己的團隊

首先根據你所需的能力，評估團隊組成的多元程度。盡可能多了解團隊成員，包括他們擁有的訓練和技能、專業背景、工作風格、動機和目標，以及生活經驗。如此你就能規畫如何讓每個人的貢獻最大化。

運用你收集到的資訊，來評估團隊是否具備適當的能力組合。第一步先使用表 12-2。

如果你要建立一個新團隊，就利用這些見解，找出可以執行這些任務的人員；如果你接手既有團隊，則可能需要向上司提出建議案，以獲得批准添加成員。在尋找合適的人員時，可以請你的同事、人脈、主管團隊、主題相關專家，爲你介紹和推薦。尋找曾在你公司內部或外部管理這類團隊的人，並和你公司的人力資源職涯辦公室聯繫。

## 表 12-1　提示：團隊稽核表

使用這個稽核表，向每個團隊成員收集資訊，內容包括團隊文化目前的長處和弱點。要求每個人私下完成稽核表，然後將匿名答覆匯整成一個團隊檔案，並與團隊成員分享檔案內容。在開會時，要求團隊討論這些結果，並提出未來成長的優先事項。

| 文化面向 | 評分：1 ＝無效<br>5 ＝非常有效 | | | | | 意見／例子 |
|---|---|---|---|---|---|---|
| | 1 | 2 | 3 | 4 | 5 | |
| 實現我們的目標和目的 | | | | | | |
| 改善我們的工作流程 | | | | | | |
| 感受到團隊身分認同 | | | | | | |
| 做決定 | | | | | | |
| 溝通 | | | | | | |
| 解決衝突 | | | | | | |
| 參與團隊 | | | | | | |
| 產生創意想法和解決方案 | | | | | | |
| 打破團體迷思 | | | | | | |
| 確保有效的團隊領導 | | | | | | |

| 團隊面臨的最大挑戰： | |
|---|---|
| 團隊的最大強項： | |
| 我最希望看到團隊做的一件事是： | |

資料來源：瑪麗．夏比洛（Mary Shapiro），《哈佛商業評論指南：領導團隊》（*HBR Guide to Leading Teams*），電子書＋工具。波士頓：哈佛商業評論出版社，2015 年。

如果你已經有幾個關鍵的團隊創始成員，也讓他們參與這個過程。

## 表 12-2　充分利用多元性

| 要完成手上的任務，你需要具備以下條件的成員： | 要讓每個人都能好好共事，應徵召在下列領域表現出色的成員： |
| --- | --- |
| ■ 相關職能的專業知識（例如，工程、會計、行銷、金融或顧客服務）<br>■ 相關的產業知識（例如，製造、科技、醫療或金融服務）<br>■ 相關專業人脈（例如，與客戶、合夥人或供應商的關係）<br>■ 相關任務經驗（例如，專案管理、活動規畫、客戶服務）<br>■ 技術技能<br>■ 喜愛做研究<br>■ 探勘和分析資料的能力<br>■ 寫作和簡報的本領 | ■ 主持會議<br>■ 建立共識<br>■ 提供回饋意見<br>■ 團體交流<br>■ 解決衝突<br>■ 協商談判<br>■ 激勵他人<br>■ 運用情緒智慧<br>■ 影響他人，並接受他人的影響<br>■ 和團隊之外可提供資源的人建立關係 |

資料來源：改寫自瑪麗．夏比洛，《哈佛商業評論指南：領導團隊》，電子書＋工具。波士頓：哈佛商業評論出版社，2015 年。

## 步驟 2：強化你的目的感

「團隊的本質是共同努力，」瓊．卡然巴哈（Jon Katzenbach）和道格拉斯．史密斯（Douglas Smith）說，他們曾是麥肯錫顧問公司的組織諮詢顧問。「若沒有（共同努力），團隊成員就會各自行動；有了它，他們成為集體行動的強大單位。這種共同努力，需要有一個團隊成員可以相信的目的。」

你身為領導人的職責，是要培養這種共同的努力目標，這個目的，可讓個別成員將團隊成功視為己任。即使你的團隊已存在一段時間，這個做法也很有助於把所有人納入你的使命之中。例如，領導團隊定期檢查他們的目的，以納入任何變化或調整。

可考慮的第一步做法，是召開團隊會議，而且開會場地裡最好有白板。首先讓所有人說出團隊存在的原因，是什麼需求或機會，讓成員聚在一起。更高層主管為什麼要建立這個團隊，而你肩負什麼使命？（如果你自己對這個問題沒有明確的答案，就向你的上司和其他任何負責這個團隊的人，提出這個問題）。接下來，要求團隊成員詳細闡述這項基本使命。詢問類似下面的問題：

- 我們的工作如何支持公司的策略目標？
- 我們如何定義成功？「做得好的工作」是什麼樣子？
- 我們想要如何運作，以影響與我們接觸的人，包括顧客、客戶和公司裡的其他人？
- 成為這個團隊的成員，我們有什麼感受？我們會有什麼團體價值觀？
- 我們的團隊成果會如何影響更廣大的世界，包括我們的產業或社區等？

寫下想法並列出主題，直到你得到一個能呈現共同觀點、一致的共同使命宣言。然後請團隊為它背書。

## 步驟 3：設定團隊績效目標

公司裡的每個團隊，都應該有支持組織策略的目標。這些目標說明了具體、可達成的短期目標，這些目標攸關團隊是否能成爲一個整體的單位。例如，卡然巴哈和史密斯建議的目標是「以比平常少一半的時間，將新產品推出上市」，或是「在 24 小時內回應所有顧客」。這些目標將你在前一步驟中設定的高層次目的，轉化成具體行動。

有了這些目標，個人就不能計算數字和分數，來衡量各自的貢獻並做比較。相反的，他們必須以整個團隊爲單位，來衡量他們自己的成就。「我們達成這個目標」或「我們失敗了」。無論團隊內部如何區分，成功影響的是整個團隊，而失敗也不能歸咎於團隊裡的任何一個次團體。

爲了達到這種效果，你選擇的目標，必須要靠所有人的工作來達成。你指定要達到的成果，不應主要仰賴銷售人員，而與財務人員無關。針對每個目標，先在心裡把團隊成員清單想一遍，思考：每個人將如何做出貢獻？

## 步驟 4：設定團隊規範

在培養高效能、高成就的團隊時，多元的思想和觀點是你最好的選擇；但這並非沒有挑戰，因爲差異會助長衝突。如果某人根據固定計畫來工作會有最好的表現，那麼堅持隨時依情況調整的同事，就會給他帶來壓力。同樣地，某人若是習慣從銷售的角度來看待某個任務，就不會欣賞行銷專家的做事方法。

更陰險的是源自認知偏誤的衝突，包括有關種族（racial）、性別和種族文化（ethnic）差異的認知偏誤。這些偏誤可能導致我們在面對那些思考模式或自我意識與我們不同的人時，貶低他們的貢獻。缺乏溝通和相互尊重，最終可能會導致無法容忍的摩擦，甚至是集體失敗。

爲了保持多元性和調和差異，每個人都應該清楚知道，怎麼樣才是好的團隊成員。這些規則「讓團隊成員的行爲更容易預測，」西蒙斯管理學院（Simmons School of Management）教授、團隊專家瑪麗．夏比洛（Mary Shapiro）說。提供指導方針，就表示「你不必經常扮演壞警察」。團體規範也解決了一些社會不確定性，而多元個性的人聚在一起時，常會產生社會不確定性。另一個好處是，你可以花較少時間討論團體流程，像是如何提供最新情況報告。你也會有清楚而統一的方式來處理棘手的互動，例如提供回饋意見或解決衝突。這些規則也適用於你，夏比洛表示，它們「釐清其他人對於身爲領導人的你，可能會有哪些期待。」

在團隊腦力激盪會議中建立這張清單。參考邊欄「規則清單」列出的選項清單來開始討論。

## 步驟 5：在團隊內建立關係

團隊基於信任而運作，包括成員彼此之間的信任，和對你的信任。若要克服溝通和協調的障礙，你的團隊成員需要堅強的人際關係。他們若是把彼此當做人來看待，就更有可能向對方求助、分享想法，以及在衝突發生時假定對方是基於善意。此外，堅強的人際關係有助於你留住重要的成員，否則他們可能會覺得自己被團隊邊緣化。

爲了建立團隊成員的信任，你應在所有的團隊互動中，安排社交時間，並指定一個溝通管道，例如可以加入閒聊談笑的團體聊天室。鼓勵團隊成員設定每週的辦公時間，讓同事可以在這個時段到他們的辦公室，或視訊聊天，省去預約的麻煩。採用輪流伙伴制，安排團隊成員固定進行一對一的午餐會。也可以做一些俗套的事情，因爲有時候一起做些傻事，是打造團隊信任的最好做法。

你剛接任團隊領導人時所做的工作，將對組織後續的發展軌跡產生重大影響。根據需求而調整所需的能力，並爲團隊的工作增加結構，就能協助團隊成員攜手合作，朝共同目標邁進，並且讓他們的差異協助團隊成功，而非導致團隊失敗。

# 管理跨文化團隊

跨文化團隊讓你可以徵詢世界各地最優秀的專家，取

## 規則清單

**尊重和信任**

- 對談話保密。
- 準時工作和參加會議。
- 表達不同看法時，避免嘲諷、諷刺的言語，不要有誇張的肢體語言（例如，翻白眼）。
- 傾聽，但不自行解讀他人的動機。應該問他們爲什麼這麼說、這麼做，或是爲什麼提出這樣的要求。
- 尊重別人完成任務的方式；不要重做，也不要強迫別人使用你的做法。

**會議討論和做決定**

- 共享「發言時間」、傾聽，不要打斷他人說話。
- 請安靜的人說話。
- 在做出決定之後，停止鼓吹你的立場。
- 支持團隊的最終決定，即使它和你的主張不一樣。

**回饋意見和報告**

- 根據規定的流程（流程由團隊決定），提供團隊最新情況報告。

- 如果不得不錯過截止期限，請事前通知，並承擔後果。
- 在給予或接受回饋意見時，把這些意見放在「協助團隊朝目標前進」的情境裡考量。經常給予正面回饋意見，並以建設性方式提出負面回饋意見。
- 承認自己的錯誤。

**解決衝突**

- 假設每個團隊成員都全心全意爲團隊目標努力。
- 討論衝突時，目標是要找出最適合團隊未來的方案。
- 先與涉及衝突的人員討論；避免在任何人背後討論。
- 別大吼大叫、使用下流的語言、威脅或退出討論。

資料來源：改寫自瑪麗·夏比洛，《哈佛商業評論指南：領導團隊》。波士頓：哈佛商業評論出版社，2015 年。

得有關在地市場、顧客群、製造條件等的寶貴見解。但領導一支由不同國籍和背景成員所組成的團隊，也伴隨著特殊的挑戰。若放任不管，這些差異可能成為衝突的主要來源。（關於可能出現哪些問題的例子，參閱邊欄：「個案研究：左右為難的經理人」。）更糟的是，如果員工無法跨文化協作，公司就無法在全球競爭和成長。不過，你在這種情況下擁有的操作空間，遠比你認為的還要多。

## 仔細觀察

在衝突爆發之前，事先了解衝突的可能來源。三位學者指出領導人面對跨文化團隊時，應處理的四個關鍵領域。這三位學者是西北大學（Northwestern University）教授珍妮．布瑞特（Jeanne Brett）、加州大學爾灣校區（University of California, Irvine）教授克莉絲汀．貝法爾（Kristin Behfar），以及柏魯克學院（Baruch College）教授瑪麗．肯恩（Mary C. Kern）。她們提出的四個關鍵領域是：

- **直接與間接溝通**。例如，一些團隊成員採用直接明確的溝通，其他人則是間接提問，而非直接指出專案的問題。如果成員認為這種差異違反了他們文化裡的溝通規範，彼此的關係就會受到影響。
- **口音或語言流暢問題**。無法流暢使用團隊主要語言的成員，在表達自身知識時也許會有困難。這可能會阻礙團隊運用他們的專業知識，並造成挫折感，或讓雙方都有無力感。

- **對階級的不同態度**。來自階級文化的團隊成員，期待根據自己在組織中的地位，而獲得不同的對待。來自平等主義文化的成員不會有這種期望。一些成員未能滿足這些期望，可能會造成對方感覺受到羞辱，或喪失地位和信譽。
- **決策規範的衝突**。多快做出決定和決定前需要做多少分析，因人而異。喜歡快速做決定的人，面對那些需要更多時間做決定的人，可能感到很沮喪。

要解決這些問題，可採取以下做法：

## 培養開放心態

鼓勵員工站在對方的角度，檢視文化衝突：「你認爲（同事）爲什麼這樣做？」「當中是否可能有文化的因素？可能是什麼文化因素？」在適當的情況下，使用上述討論的四種文化因素中的一種，來找出問題：「我想知道這是否是溝通的問題，因爲……。」如果無法完整討論這個主題，你仍然可以鼓勵員工把問題看成是文化差異的問題，而非個人差異：「我了解你爲什麼感到沮喪。但團隊成員面對權威的態度不見得都一樣，如果我們要成功，就必須想辦法避開這個問題。」

目標是要讓團隊成員有足夠的自覺，以便管理自己的挫折感，又不會形成無法化解的怨恨。到最後你可能會發

## 個案研究：左右爲難的經理人

某家大型國際軟體開發商需要快速產出一個新產品，爲此，專案經理組成一個團隊，成員來自印度和美國。打從一開始，團隊成員便無法就產品交付日期達成共識。美國員工認爲這項工作可以在二至三週內完成；印度員工預測這需要二至三個月。隨著時間過去，事實證明，印度成員不願意報告生產過程中遭遇到的問題，美國成員只有等到印度同事該把工作移交過來的時候，才會發現這些問題。

當然，任何團隊都可能碰到這種衝突，但在這個情況中，衝突源自文化差異。隨著緊張情況加劇，交付日期和回饋意見的衝突變得針對個人，影響到團隊成員之

現，有些文化規範在不同情況下，其實可能對團隊有利。若是如此，這些開放心胸的做法，可能讓你的團隊心態變得很靈活，足以視不同情境而切換不同的風格。

### 明智地介入

一般來說，最好的情況是，你的團隊成員自行學會適應這些差異。但有時候，你可能必須直接介入解決問題，或至少減輕那個問題對團隊其他成員的影響。面對這種情

間的溝通，就連最普通的溝通都受到影響。專案經理認為必須介入，結果導致美國和印度的團隊成員都依靠他來指導，包括團隊成員原本可以自行處理的操作細節。經理為處理各種日常問題而分身乏術，結果這個專案的進展令人失望，連最保守的時程表都法達成，而團隊也從未學會有效合作。

資料來源：珍妮・布瑞特（Jeanne Brett）克莉絲汀・貝法爾（Kristin Behfar）、瑪麗・肯恩（Mary C. Kern）〈「異」中求「同」領導學〉（"Managing Multicultural Teams," HBR, November 2006）

況，你可以使用本章稍後討論的解決衝突技巧。面對跨文化團隊，你未必能夠知道衝突何時正在醞釀，因為團隊成員可能無法自在地對你坦誠相告（如「左右為難的經理人」個案）。如果你懷疑發生了這種情況，可以和親身體驗過這種文化的人談談。請教他們認為有可能發生什麼事情，並請他們建議該如何接觸受影響的團隊成員。

## 管理虛擬團隊

就像跨文化團隊越來越普遍一樣，現今虛擬團隊也幾乎無所不在。如果你的團隊成員並不是都在同一個地點工作，你領導的就是虛擬團隊。也許你的團隊中，有些成員長期派駐在新加坡，而其他人則是在西雅圖或經常出差，這表示有人總是在外面。也許有些人每個月在家工作幾天，或者即使你們都在同一棟建築物裡工作，卻分散在許多不同的樓層，那麼你們更可能會透過 Skype 開會，而不是在會議室開會。

領導任何團隊，都要管理人員和流程，而虛擬領導人必須在沒有面對面要求承擔責任的情況下，執行這些功能。雖然你現在可能有更多以前沒有的技術選項，來保持聯繫，但這些工具不見得一定能建立強大的虛擬聯繫。你可以採取以下做法，即使在你無法看到人們工作的情況下，仍能保持優異的工作成效：

### 挑選適當的工具

你使用的技術，會大幅影響到你的團隊在虛擬環境下順利運作的能力。首先應釐清團隊的需求、目前可取得哪些資源，以及公司的安全策略和限制。評估現有資源時，應檢視團隊成員手邊可用的工具，以及組織提供的工具。透過邊欄「技術設置清單」中的清單，檢視與你的需求最相關的問題。

## 釐清對投入程度的期望

曾經用虛擬方式協作的人，都會遇到某種形式的「中斷聯絡」，像是某個同事突然停止回覆電子郵件和電話。遠端工作可能爲這類錯誤的行爲，提供貌似合理的否認：「我只是沒有看到你的電子郵件！」你可以設定對團隊成員投入程度的明確期望，來排除這類藉口。禁止在通電話當下同時做多件事，並點出沒有做出貢獻的人。設定電子郵件政策，規定人們應該多快回覆電子郵件和電話。團隊成員出差時，鼓勵他們在出差後安排額外的時間，以了解錯過哪些聯繫內容。然後透過文字或即時通訊，以不需要太多互動的方式來定期查詢情況，以落實這些規則，例如你可以寫道：「我本週沒有聽到你的消息。你專案 X 的進度如何？你是否需要我提供什麼協助來繼續執行？」

## 制定備份計畫

你的電話會議應用程式總是難免會壞掉。理應進行簡報的同事在開會十分鐘後，有可能網路斷線。你應要求團隊成員提前製作一張「技術危機卡片」，來幫助他們克服這些障礙，好讓他們在出現問題時，快速釐清問題（見邊欄）。鼓勵他們採用「好友系統」，一旦出現問題，就可以向指定的同事（亦即所謂的「好友」）尋求幫助或更新。

## 技術設置清單

**選擇硬體和軟體**

- 團隊成員需要什麼樣的網路連線品質，他們目前的設置是否足夠？要求他們進行網路連線速度測試。
- 你團隊的主要溝通工具是什麼，電子郵件、電話，或是即時訊息？你如何進行會議，電話或視訊？
- 團隊成員需要哪些硬體和軟體，來溝通、建立和分享內容？你需要哪些相容性？
- 團隊成員的手機需要有什麼功能？團隊成員的手機是否需要使用相同的作業系統，Android 還是蘋果 iOS ？
- 你是否需要專案管理或問題追蹤軟體，像是 Asana、Smartsheet、SharePoint、JIRA、微軟專案管理（Microsoft Project），或是 Basecamp ？

### 儲存和同步團隊資料

- 你需要多少儲存容量？需要可擴充的容量嗎？
- 你會把內容儲存在硬碟、公司伺服器或雲端（像是Dropbox或Google Drive）？有什麼安全疑慮、風險和規則？
- 你會同步內容、自動更新所有團隊的檔案嗎？你是否需要版本化的文件，或是能夠追蹤誰做過變更的功能？
- 你是否需要分享或同步行事曆？

### 預算和安全

- 你所有的技術預算有多少，包括採購、安裝、儲存和維修的費用？相較於營運費用，你需要規畫哪些資本支出？
- 組織承擔什麼成本，個別團隊成員需支付什麼？
- 公司對傳輸和儲存敏感資料，有什麼安全要求或規範？

## 技術危機卡片

要求所有團隊成員把這些基本資訊放在身邊（例如桌面上或錢包裡），以便在事情出錯的時候使用。

- 網路服務供應商名稱和客服電話
- 帳戶持有人名稱和你的帳戶號碼
- 你最重要工具的帳戶資訊（電子郵件地址，或是註冊名稱、密碼提示、安全問題、購買資訊）
- 你的電腦現有作業系統的名稱和版本
- 住家資訊服務的名稱和電話號碼

### 培養社群連結

遠距工作可能非常孤獨。如果沒有定期的會面時間，團隊成員可能很難建立信任關係，還可能懷疑是否有人眞的看到並感激自己所做的一切。爲了維持高士氣，你應讓少量的社交時間，成爲團隊例行工作中的優先事項。週五下午的視訊聊天、即時通訊上固定的「辦公室時間」，甚至每次會議開始時先聊聊近況，都能發揮重要作用。在這些小型互動中，別總是想要把重點放在工作上。你的團隊成員需要學習建立個人層面的關係。

對作爲經理人的你來說，同樣重要的是與所有員工有效互動，特別是如果有些人的工作地點和你相同，而其他人則是透過虛擬方式合作。你應該專門想辦法和虛擬團隊成員，逐漸建立和維持穩固的個人關係。盡可能多利用 Skype 或其他視訊工具，個別與他們聯繫，並負起責任讓虛擬員工充分參與團隊討論。

虛擬團隊需要大量的事前安排規畫，特別是領導人的努力。不過一旦你完成這些基本工作之後，成員即使分散各處，工作成效也會和聚在一起工作時一樣。

## 具生產力的衝突解決方案

協作時難免會有衝突，甚至是必要的一環，所有團隊都曾經歷衝突，而不僅是跨文化或虛擬團隊有這種經驗。根據西北大學凱洛格管理學院（Northwestern's Kellogg Graduate School of Management）教授暨爭議解決研究中心主任珍妮．布瑞特的說法：「即使是最簡單的任務，團隊之中也會有衝突，甚至應該發生衝突。」沒有歧見的團隊，也不會挑戰假設、探究想法、指出錯誤，以及激勵彼此創造最高績效。的確，促進團隊多元性的重點在於，導入不同的觀點。在某種程度上，你應該要讓這些觀點產生衝突，以便激盪出創意和學習。

但是，當然並非所有衝突都是有用的。個性衝突、與任務相關的歧見，都可能帶來破壞性毒素。

很多經理人認爲，自己的職責是盡量減少團隊中的所有衝突。但事實並非如此。訣竅是鼓勵健康的衝突。也就是說，要促進建設性的衝突，並解決有害的衝突。以下是兩者的不同之處：健康的歧見會帶來更好的工作成果，以及／或更強大的團隊成員關係。不健康的歧見會破壞團隊的共同成就，並損害團隊的工作關係。

在當下這可能是很艱難的決定，「我應該讓團隊成員的歧見繼續，還是現在就該介入解決衝突？」很多時候你必須依賴直覺，但若是你眞的很爲難，就詢問自己：這是否有益？這會讓我們更接近或更遠離正向的結果？

如果你對第一個問題的回答是肯定的，那麼最好的做法可能就是鼓勵辯論和討論，好讓雙方都直接面對彼此的觀點。這不是要讓大家任意發言，造成混亂：你仍必須積極參與協調主持，好讓對話保持尊重態度，而且沒有偏離軌道。但如果你的答案是否定的，你的成員可能需要一個「解決衝突」流程的架構，以結束衝突。處理這兩種情況的方法如下：

## 如何促進建設性衝突

要做好這件事並不容易，但共同流程能有所幫助。在重大衝突發生前，明確表達你對團隊的期望，做法可以是在某處貼出你自己的規則（例如會議室裡或團隊網站上），或者你也可以帶領團隊共同討論團體規範。處理以下的關鍵主題：

## 建立基本規則

列出在衝突期間恰當和不恰當的行爲，如此就能避免歧見變得一發不可收拾。每個團隊都不同，具體的個性和組織文化，將決定在特定環境下的合理做法。但有一條規則普遍適用：衝突應該公開處理。和某人的意見不同，並不一定表示不尊重，而團隊成員若是選擇不要發表意見，就不該再執著自己的意見。其他可能採用的指導原則，見前面的邊欄「規則清單」。

## 建立解決衝突的共同流程

團隊成員若是知道當摩擦發生時該怎麼做，就不會迴避必要的歧見，而且通常能夠解決自己的問題。明確制定處理衝突的準則，應是團隊一般正常流程的核心部分。這類準則應該用於正式解決衝突，後面會再說明。但也應該列出風險較低的其他做法。例如，團隊成員應該：

- 若有成員意見不同，在找任何其他人（包括你）介入之前，雙方應先禮貌地單獨面對彼此。
- 討論複雜的問題時，應面對面或透過視訊進行，而不是透過電子郵件。

- 在彼此開始討論之前，應先自行做好準備，會面時才能好好解釋自己的擔憂，並討論替代方案。
- 真誠地輪流總結對方的想法或疑慮。強迫自己說明對方的觀點，也許可讓他們找到新的妥協基礎。
- 當他們覺得無法掌握自己的論點，或是無法控制自己時，暫停討論。
- 升級辯論，但不帶惡意或怒氣。當證明歧見難以化解時，把它界定為「我們需要有人幫忙釐清這件事」，而不是「讓團隊領導人決定誰對誰錯」。

### 為有爭議的妥協提供準則

當團隊出現零和決策時，有一些明確的權衡標準，可提供不少幫助。幸好你的團隊已經有這種標準了，呈現的形式就是組織的整體策略，以及這個策略為你團隊的工作設定的目的和目標。和你的成員一起釐清這些重點，並具體說明你的目標和最優先事項。例如，「在截止期限前完成這項任務，比完成整個任務更重要」，或是相反的說法。

## 如何解決破壞性衝突

透過練習，你的團隊成員也許可以學會主要靠自己的力量，來管理建設性衝突，而你幾乎不用介入。相反地，正式的衝突解決流程，你一定要參與。有時你的員工會提出問題請你注意，也請你協助。但如果他們沒有足夠的自覺應這麼做，你可能就必須採取主動，要求他們參與。無論你選擇怎麼開始，這個流程都應該包括三個階段：

### 步驟 1：找到根本原因

這個步驟可能需要你進行一些研究。如果衝突很複雜或長期存在，你應該先了解發生了什麼事情，然後再邀請關係緊張的雙方參與會議，好好談清楚。如果你決定讓其他人參與調查，應該和涉及衝突的各方單獨談話。接下來你可以和能協助你釐清這個問題的其他成員談談，但要謹慎進行。你進行這些訪談時，應該要爲你自己釐清以下問題：

- 爲什麼團隊成員彼此爭論不休？
- 當中有更深層的性格衝突嗎？
- 這種衝突是否存在組織的原因？
- 這是反覆出現的模式嗎？
- 爲什麼某個成員總是堅持要用自己的方式？
- 衝突是否源自某種行爲？還是因爲意見相左或外部情況？

你若是爲這些問題找到一些答案，就能開始提出一些想法，以協商出解決辦法。例如，如果衝突是由性格衝突引起的，你可能需要幫助團隊成員學會更好的溝通方式，並在意見不同時更加尊重他人。如果衝突是因專案的情況所引起，你和你的團隊可以腦力激盪想出修正方法，如借助額外的資源、重新界定職責，或修改工作範圍。

## 步驟 2：促成解決方案

對於這種情況應該如何演變，你可能有一些想法，但最好避免指定解決方法。解決方法不會只是因爲有意義或因爲你說要這樣做，就能發揮作用；只有當負責執行解決方法的人支持這些方法時，才會有用。因此，由上級強加的妥協方案，往往不如團隊自行想出來的方法那麼徹底或有彈性。

只扮演促進者的角色，可能會讓你感到沮喪，儘管如此，你只能扮演這個角色。你聽與說的比例應該是 4：1，而「說」的部分主要著重在積極聆聽技巧，以幫助團隊成員了解潛在的假設。也就是說，你應詢問開放式問題，重述和重新建構團隊成員的觀點，並鼓勵在場的其他人也這麼做。你應該爲討論定調，做法是提醒成員完全按照事實發言、討論行爲而非性格特點，並遵守團隊處理衝突的基本規則。

假使無論你怎麼努力，團隊成員依然抗拒達成共識，你可能就需要更堅決地引導對話。領導力教練麗莎・賴（Lisa Lai）建議使用以下五個問題來促進談話：

1. 每個人眞正想要的是什麼？
2. 對他們個人和專業上重要的是什麼事？
3. 什麼事物能激勵他們？他們有什麼恐懼？
4. 共同點在哪裡？

5. 他們的說法有什麼不同？

如果談話似乎眞的陷入膠著，嘗試以下技巧：

■ 要求每個團隊成員分享他們的 BATNA。在談判領域用語裡，BATNA 代表你的「談判協議的最佳替代方案」，基本上就是指，你的團隊成員認爲，如果爭議無法解決，會發生什麼事。然後你可以詢問，他們的 BATNA 將如何影響團隊的其他成員。向團隊明確說明後果，也許能協助他們重新努力尋找解決方法。

■ 讓討論重新聚焦在團隊的策略目標。有時候，團隊成員的共同利益夠大，足以讓他們自行產生解決方案（見邊欄「個案研究：讓團隊成員聚焦在共同目標」）。也有些時候，你可能需要逼緊一點，要求團隊成員一起找出協議中應解決的關鍵優先事項，然後將討論的範圍完全專注在這些議題：「這是一個非常複雜的情況，我看得出來，它讓牽涉其中的所有人感到疲憊。但如果我們現在無法解決所有這些問題，並不代表我們無法解決其中任何一個問題。現在，讓我們專注於爲 X 問題想出解決方案。」

## 步驟 3：回去工作

「治療戰爭傷口的最佳方式，就是重新開始工作，」《哈佛商業評論指南：如何解決職場衝突》（*HBR Guide*

## 個案研究：讓團隊成員聚焦在共同目標

貝里斯（Belize）一家生態旅舍的經營者凱莉．強森（Kelley Johnson）常常必須處理團隊動態。這家旅舍位於偏遠地區，因此它超過 25 名全職員工必須住在這裡，一次得住好幾個星期。這種密切交織的工作情況若是管理不當，很容易就會導致衝突。旅舍有四名經理，其中包括一名德國的外籍人員卡佳（Katja），她負責前台辦公室的工作，並在凱莉不在時監督員工；貝里斯人卡洛斯（Carlos）負責客戶服務。卡佳工作有條不紊、一絲不苟。而在客戶服務方面，卡洛斯是天才，讓每位客人都覺得自己很特別。「他有能力讓每位客人感覺自己是第一次發現蛇的人，」凱莉說。

但去年冬天，卡佳要求凱莉開除卡洛斯，因為她覺得卡洛斯沒有把工作做好。他經常忘記自己的任務，對文書作業相當隨便。她很沮喪，覺得自己比卡洛斯多付出一倍的心力工作。卡洛斯之前也抱怨過卡佳。他憎恨她的批評，並覺得她對客人太冷淡。

在凱莉看來，他們都不了解對方的才華。凱莉的回應是，要卡佳退後一步來看待這整個情況。卡洛斯沒有做到他工作內容的一部分，但他對旅舍來說非常寶貴。卡佳承認他的工作說明應該改變，好讓他能夠符合期望。

凱莉和這兩位員工談話，解釋爲什麼他們倆人對團隊都極爲重要，並要求他們了解對方做出的貢獻。他們是獲利共享計畫的一部分，這表示他們薪水的一部分取決於生意好壞。她要求他們專注在更重大的企業目的，把彼此的爭議擱置一旁。重新設定期望之後，卡洛斯和卡佳找到了一種合作方式，他們接受對方完全不同的工作風格，但雙方最終都關心同一件事情，也就是讓旅舍成功。

資料來源：改寫自〈讓團隊停止內鬥，著手工作〉（Get Your Team to Stop Fighting and Start Working, HBR.org, June 9, 2010）作者：艾美．嘉露（Amy Gallo）。HBR.org, June 9, 2010。

*to Managing Conflict at Work*）作者艾美．嘉露說：「讓團隊做一件相對容易的事情，幫助他們重建團隊的信心。身爲領導人，你可以樹立榜樣，展現你繼續向前並專注於工作。」你也可以親自示範寬容。伴隨這些時刻而來的附帶傷害，是受傷的感覺和受損的自我等，可能需要有人來提醒他們，其實他們可以讓怒氣消散，而你也期望他們這樣做。「展望未來，定期檢視大家共事的情況，會很有幫助，」嘉露補充說。「這有助你在情況發展成全面紛爭之前，及早發現問題。」

## 建立團隊文化

經理人的職責，有很大一部分是要賦予權力給多元的個人，讓他們組成一個團隊，並交出共同的成果。在這個過程中，你必須把團隊成員連結到你的使命目的，建立共同的規範，應付不同意見。建立這種強大的團隊文化，是讓高績效團隊努力工作的基本先決條件。

在下一章，你將學習如何利用所有這些得來不易的團隊合作，讓創意流動。

## 重點提示

- 把獨一無二、看法各異的人聚集在工作場所，這麼做會帶來機會和挑戰。
- 高效能團隊的成員擁有不同的能力和背景。

- 團隊領導人的角色，是建立一個讓所有人能充分貢獻的工作環境。
- 應協助所有人了解，儘管成員各有不同，但優秀的團隊成員應如何行事，並且讓團隊成員的行爲更可以預測。
- 與團隊建立牢固的關係，可協助你讓重要的成員認眞投入工作，否則他們可能覺得被邊緣化。
- 跨文化和虛擬團隊發生衝突和誤解的風險更高，因爲溝通更困難，而且文化假設可能不同。
- 團隊衝突可能具有建設性，也可能有破壞性，這取決於它們是否帶來更好的工作關係，以及／或是更強的團隊成員關係。

## 行動項目

**建立團隊及團隊文化：**

- ☐ 使用表 12-1 的團隊稽核表，來評估團隊文化的強項和弱點，並用表 12-2 來評估團隊能力組合是否恰當。
- ☐ 招募團隊成員時，人選應擁有不同的訓練和技能、專業背景、工作風格、動機和目標，以及生活經驗。
- ☐ 一起強化你的目的感，詢問先前提出的問題。
- ☐ 設定團隊績效目標，應是你們這個團隊可以共同負責達成的目標，而非由個人負責達成。

- ❑ 根據「規則清單」，界定團隊規範，說明如何才算是眞正能夠團隊合作的人。
- ❑ 建立團隊成員之間的關係，可以讓彼此的合作繼續下去。

**管理跨文化團隊**

- ❑ 密切觀察。在衝突爆發之前，主動找出潛在的衝突來源。可能導致麻煩的領域包括：直接與間接溝通；口音或語言流暢度的問題；對階級的不同態度；彼此衝突的決策規範。
- ❑ 培養開放心態。協助團隊成員注意到對立的文化規範，並鼓勵他們接受新的做事方式。
- ❑ 明智地介入。如果你的團隊成員可以自行解決問題，就重新安排他們的工作，或者若是他們猶豫不決而無法解決，你就應採取直接行動來解決問題。

**管理虛擬團隊**

- ❑ 選擇合適的工具。確保團隊的技術基礎設施，符合成員的實際需求。
- ❑ 釐清你對團隊投入程度的期望。說明你期望認眞參與的團隊成員展現什麼行爲，然後讓人們自行負責。
- ❑ 制定備案計畫。要求員工制定技術出錯時的備案計畫。
- ❑ 培養密切的人際關係。設立一些例行做法，以協助團隊成員在個人層面建立關係。

**管理團隊衝突**

- ❑ 管理建設性衝突時，應設立明確的基本規則、建立共同的流程、提供標準以進行有爭議的妥協。
- ❑ 解決破壞性衝突時，應找出根本原因和促成想出解決方法，並且讓成員回去工作，以化解仍然存在的緊張情況。

Management

# M

創造一個提供支持、安全的環境，

可協助你的團隊成員

在工作上充分發揮創意。

如果他們相信你和其他同事

會真誠看待他們的想法，

就更有可能致力處理困難的問題，

想出有創意和有效的解決方案。

第 13 章

# 培養創意

H
B
R

Fostering
Creativity

創意就是產生新穎想法的能力。創意不單只是爲顧客開發創新的產品和產品特性：有創意的團隊可以找出更好的方式來執行內部流程和行銷產品，在談判中提出更好的方案，並且更有效地解決問題。提升團隊創意是一種目標導向的協同工作流程，要運用每個團隊成員的技能、經驗和專業知識。

有些人認爲創意只來自「有創意的」人，但它也會回應具體的線索。在本章中，你會學習如何領導高成效的構想會議，並在團隊中建立創意文化。

## 規畫構想會議

你知道自己需要新的想法，也許你正在爲一個新產品或現有產品的一項特色設想名稱，或者爲一個全新的商業模式想像各種可能性。領導腦力激盪會議不是你唯一的選擇。你若能規畫如何主持構想會議，並考慮會議的時間、空間和規則，就可確保與會人員精力充沛、專注，並富有生產力。

### 找出適當的時間

仔細規畫構想會議的時間。考量你試圖達成的規模，你可能無法在一場會議中，提出各式各樣的想法、篩選各項方案並提出計畫。所以，在你發送開會邀請之前，先建立一個總體時間表。你什麼時候需要實施新想法？在這段期間，你將完成哪些階段性目標，並且需要解決哪些時間安排的限制？

一旦有了時間表，就應盡力在距離截止期限很久之前，就安排初次會議。許多人以為，時間緊迫能激發出最佳想法，但這其實很少見。被刻意限制在短時間內發揮創意的團隊，會感到精疲力竭，也無法一直維持良好績效。

然而，構想會議的精神壓力極大，所以每次會議最好維持在三十分鐘左右。如果你認為你的團隊需要更多時間，你可以重新召集，但最好還是先停下來，安排下一次的後續會議，而不是強迫你的團隊毫無成效地繼續埋頭苦幹。

選擇的開會時機，應該是在員工的精力最可能處於顛峰，但不會有其他分心事情的時候。早上一上班就開會，以及快下班前開會，都不是理想安排；同樣地，避免把會議安排在長假或重大工作事件之前。人們在那些時段都不會專心開這種會。

## 布置場地

如果可以，選擇一個你的團隊很少碰面的地方，以激發新的想法。如果你必須使用常用的空間，可以調整一下房間的布置。不要讓所有人圍著會議桌而坐，而是把椅子分成一組組。

要求團隊成員將所有筆記型電腦、平板電腦、手機和其他裝置，都留在自己的辦公桌。除了傳統的白板之外，在房間內放置實體工具：大型紙張、小型彩色便利貼，或者黑板和彩色粉筆。用紙張覆蓋所有的桌子，這些紙張可用於筆記、塗鴉或畫圖，並提供彩色筆或鉛筆、奇異筆、蠟筆、玩具材料「毛根」，甚至粘土。即使與會人員最終沒有使用這些東西來做手上的工作，但把玩它們做藝術用途也可以避免壓抑，觸發想像力。

這些措施不僅可用於遊戲日的準備。你也可以豐富團隊的日常實體環境。若要鼓勵閒談和自然聚在一起開會，你可以在辦公室各處設立開放式座位，並設置幾個聚會地點，例如咖啡機、飲水機、輕鬆座位區和遊戲區等。留意成員原本就會非正式聚在一起的地點，讓它們變得更舒適，在這些場所設置創意工具，如白板、奇異筆、掛紙白板架和藝術用品，好讓這些偶然的互動能輕易轉化成更有創意的活動。

## 建立行為準則

在上一章，你看到團隊規範如何協助團隊克服差異，並減緩衝突。在產生各種想法時，尤其需要團隊規範，因爲這時想法的差異最明顯，且每個人的感受表露無疑。

爲了創造安全感，在會議一開始就要制定基本規則。把它們寫在白板上，或所有人都可以看到的地方。你可以邀請團隊其他成員貢獻想法，但堅定表達你期望的行爲。如果這些期望還不是團隊基本規則的一部分，應考慮強制施行它們，包括：

- **尊重團隊的所有成員**。可以攻擊想法和假設；但不能攻擊個人。
- **當個好聽衆**。每個人都有機會發言，也應積極傾聽別人的意見。
- **珍惜不同的觀點**。人人都有權不同意和挑戰假設。衝突的觀點是寶貴的學習資源，應鼓勵成員在討論中適時提出不同的意見。
- **沒有任何想法是壞想法**。不應對任何想法貼上「愚蠢」、「無用」或任何其他負面標籤。不應該讓任何人爲參與創意流程感到丟臉。

這些項目可能已經是團隊規範的一部分，你只要在會議開始時簡單提醒團隊成員即可。務必授權團隊所有成員，在發現不良行爲時，大聲指出來，以協助你實施這些基本規則。

## 產生想法的工具

成功的構想會議可能讓人覺得鬆散和自然，但其實有很多結構。這是因爲我們的大腦都需要一些幫助，才能打破正常的途徑。

創意想法來自發散式思考（divergent thinking），在這種思考方式 下，你的團隊開始朝一個新的思考方向前進，遠離你熟悉的看法和做事方式。這種思考方式讓你的團隊從新角度觀察問題，發現事實和事件之間的新關關，並探索先前未曾提出過的問題。目標是為特定問題快速產生各種不同的解決方案，而不預先判斷這些方案的優點。

創新專家湯瑪斯·維戴爾－維德斯柏（Thomas Wedell-Wedellsborg）表示，你可以採用解決方案導向或問題導向的方式，來進行這個流程。在解決方案導向的會議中，團隊專注針對某個定義廣泛的問題來提出想法，像是，「我們可以如何改善行銷計畫？」讓團隊專注於未來可能的行動，而不是現在的條件，可以避免團隊過度局限於單一觀點。你會產生一些高度原創的想法，但也會有很多不可行的想法。如果會議終了時你們產生了一長串方案的清單，你可能根本沒有資源去處理它們。

相反的，問題導向的會議著重在解決清楚定義的明確問題。這類會議是要改善實際的問題，所以會產生較少、較高品質的想法，而且後續也較容易進行。但重要的是，會議中應該要有一個人員的很了解這個問題，否則討論很容易離題。

你要如何讓會議室裡所有的專業人員，都以這種方式自由思考？有幾種不同的方式，可以組織你的想法產生流程：

## 腦力激盪

這可能是發散式思考最為人熟知的做法。基本目標是很快地向團隊成員取得許多想法；如果你想以非正式方式讓所有團隊成員參與，這個做法格外有用。特別是在採用解決方案導向的方法時，你追求數量更勝過品質，因此要鼓勵千奇百怪的想法，無論多麼奇怪都無妨。你永遠不知道這些想法最終將通往何處。如果你的團隊很容易就想出五個想法，那就催促他們提出二十個。

快速輪流採用下面三種技巧，以協助你的團隊提出想法：

- **修改**。你的團隊成員可以用什麼方式改變或調整原本的做事方法，以達到不同的結果？首先要求他們設定一些優先事項：「我們希望這個工作流程更能快速因應資訊的變化」或「我們想提高銷售轉換率」。然後要求他們畫圖顯示這個問題涉及的所有任務、角色、流程和規範。團隊有哪些發揮空間，可以改變這些元素？所有你可能進行的修正包括哪些？讓每個議題的主題專家與其他團隊成員談話，並邀請非專家的人員解釋他們對這個問題的體驗。你可能會很驚訝聽到，自家資訊專家對於你銷售策略的評論，或整天坐在影印機旁邊的人，觀察到團隊準備重大簡報的方式。
- **想像**。在更偏向解決方案導向的談話中，要求團隊成員仔細想像某個問題或疑問的理想解決方案的各種細節，然後再倒回去研究可以如何實施那個解決方案。首先提出開放式問題，例如，「如果我們的顧問公司可以提供任何服務，會是哪些服務？」假設金錢、時間和資源都不是問題。寫下所有想法（例如，用便利貼黏在窗戶上），然後請團隊成員把相關的建議歸類在一起。接著問：「我們需要知道什麼和做些什麼，才能實施這些不同的方案？」

- **實驗**。畫出一個完整的矩陣，納入問題中的所有元素，如客戶、服務、資源等等，然後有系統地組合和重新組合它們，以找出新的商業可能性。例如，如果一家洗車公司想要打入新的市場，團隊成員可列出他們可以清洗的產品、購買的設備和銷售的產品，列在矩陣頂端。然後，在每個類別下，列出他們可以想到的所有可能變化，不管有多麼離譜。最後產生的表格，可讓團隊機械式地將各個元素組合起來，提出新想法：銷售摩托車用的微纖維衣、讓船家在公司洗車隔間裡洗船、用強力水柱清洗住家。這個做法適用於解決方案導向，還是問題導向的談話，取決於矩陣中的變數實際可行性有多高，以及現場是否有主題專家可引導團隊產生可行的組合。

嘗試運用它們時，沒有一個所謂的正確技巧或順序。訣竅是讓事情保持流動，若是某一條思路停滯不前，你隨時可以轉換另一個。

## 心智繪圖

這是一項自由聯想活動，用視覺化方式呈現你團隊的思考內容，以發展出一大群彼此相關的想法。你的團隊成員使用這種方法所產生的連結，將遠高於單純列出想法。

首先在空白頁或白板中心寫下一個關鍵字或概念。發給大家一堆便利貼，讓你的團隊成員盡可能寫下所有與原始想法相關的字詞，要在固定一段時間內進行，例如，兩分鐘內十個詞，或五分鐘內二十個詞。然後請他們把想出來的詞，添加到圖中。此時還不要評估或判斷他們寫下的內容，只要貼在白板上就好。接下來，移動便利貼，並在它們之間畫線連接，把這些想法聯繫起來。鼓勵團隊用顏色來標示行動項目、見解、疑問和其他重要因素。（見表 13-1）

如果有些想法不能和原始想法聯繫起來，也沒有關係。讓所有人都能看到這張圖，當新的詞和想法出現時，把它們添加上去。有人可能受到啓發而提出完整的理論或計畫，也把這些資訊加註到圖上。

這項技巧是探索性的：你致力於針對某個議題取得共識，而不是想出後續步驟的整齊清單。爲了讓談話更加問題導向，〈創新者的 DNA〉（*The Innovator's DNA*）這篇文章的三位作者建議，嘗試進行「問題激盪」（question-storming）。這三位作者包括傑弗瑞．岱爾（Jeffrey Dyer）、赫爾．葛瑞格森（Hal Gregersen）、克雷頓．克里斯汀生（Clayton M. Christensen）（〈創新者的 DNA〉刊於《哈佛商業評論》全球繁體中文版 2009 年 12 月號，之後也出版同名書籍）。「問題激盪」就是在進行聯想時設

## 表 13-1：心智圖

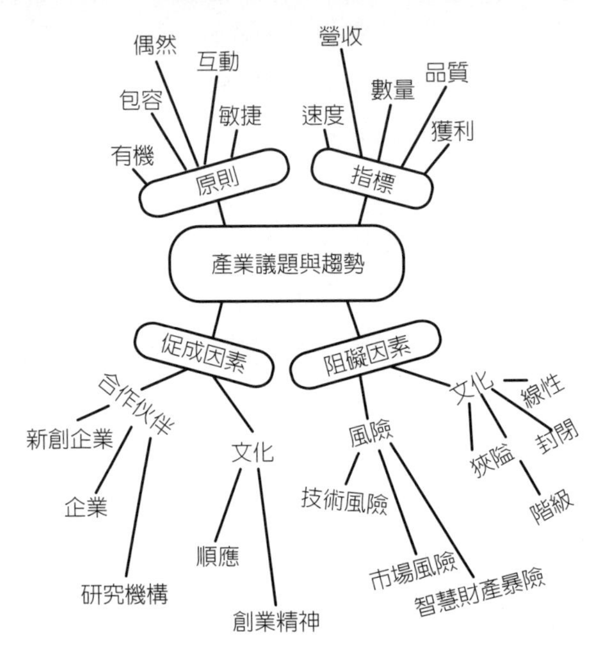


資料來源：南希．杜爾特（Nancy Duarte），《哈佛商業評論指南：說服力高強的簡報》。波士頓：哈佛商業評論出版社，2012 年。

定一個關鍵字，也就是一個具體的問題，然後讓人們在便利貼上寫下相關的提問。

### 傳接球

對從頭開始進行構想產生流程的團隊來說，心智繪圖和腦力激盪都是很好的選擇。如果你的團隊已經有一、兩個想法（像是現有產品，或常見問題的典型解決方案），可考慮使用「傳接球」（catchball）方法。傳接球有兩個目標：改良現有的想法，以及獲得參與者的支持。你需要可聚焦的單一想法來開始進行工作，所以這種做法在問題導向會議中最能發揮效用。

在這個做法中，團隊的某個成員將最初的想法「**拋**」給其他人。無論誰「接」到這個想法，都必須了解和思考它，並以某種方式改良它，然後再將修改後的想法**拋**回給團隊，由另一個人接住並進一步改良。（如果有人僵住沒行動，團隊其他成員可以出手協助。）在每個人參與的過程中，他們有機會修改那個想法，並豐富談話內容。結果會產生共同的責任感和承諾，無論最初的想法源自何處。想了解傳接球的實際做法，見邊欄「個案研究：交通安全傳接球」

在團隊建立想法的時候，指派一個人寫下每個想法，以便之後討論。傳接球往往會促使人們太快從產生想法，轉為精簡那些想法，但有人負責記錄，就可區分這些流程。

## 確保聽取所有的觀點

無論你仍在產生想法，或已經進行到評估那些想法，身為團隊領導人的你，必須緩和較大的聲音，並放大較弱的聲音。如果談話似乎一直在進行，打斷談話過程可能顯得很不自然。但你必須聽取所有人的觀點，阻止團隊朝向

## 個案研究：交通安全傳接球

一個社區協會的成員很擔心某個十字路口經常發生自行車事故，因此想要收集想法，提供給市府官員。傑克是第一個拿到球的人：「交通號誌燈的模式需要改變。」他把球傳給索妮亞，索妮亞進一步說明：「需要一個『僅限綠燈左轉』標誌。」接下來維杰說：「我喜歡這個想法。他們是否也能縮短黃燈的時間？」最後，球傳給亞歷珊德拉，她說：「也許可以重新設定各方向的幾個街區的交通號誌燈模式，讓每次通過那個十字路口的車輛數目減少。」那個團隊現在已有一些想法，可以在下次的市府諮詢會議上提出。

某個想法或解決方案整合。以下是一些做法：

### 要求人們發言或停止發言

- 直接點名沒有發言的與會者。「費莉西亞，我們還沒有聽到你的意見。我們有沒有錯過任何重大的議題？」「維杰，對於這個方法你最擔心的是什麼？」有些人可能會臉紅，但你至少會得到他們的意見，而他們也能夠練習如何在團隊裡發言（如果他們正在努力練習這一點）。

- 確保聽取以虛擬方式參與開會人員的意見。會議剛開始的五分鐘先閒聊，刻意讓這些人員加入，你們可以聊天氣、體育、週末活動等等。會議開始後，一定要不時再和這些人員談話。你可以把便利貼黏在電腦或平板電腦上，提醒自己這一點；你也可以指派會議室裡的其他人，追　虛擬參與人員的情況。你甚至可以在智慧型手機上設定鬧鐘，每隔十到十五分鐘振動一次，用來提醒讓虛擬參與者加入。
- 當你遇到極具潛力的思路，注意是否有人展現渴望加入討論的肢體語言。身體前傾並和說話的人眼神接觸，是很明顯的線索。你可以與他們眼神接觸或向他們點頭，表示你有看到他們，很快就會請他們發言。這能協助他們專注於別人的發言內容，而不是擔心他們是否有機會發言。
- 避免讓大聲發表意見的與會者主導全局。可嘗試以下說法：「謝謝你的評論。現在讓我們把機會交給其他人還沒有發言的人。」「在我們聽你的意見之前，阿吉拉，我想先聽聽永竹的想法。」

## 組織對話，讓人放心承擔風險

- 如果與會人數超過 12 人，就把團隊分成二到三人一組，讓每個小組回報問題的某個面向。你可以要求他們使用不同的想法產生方法，一組進行心智繪圖，另一組則進行想像。這種安排可以讓那些不願在整個團體面前發言的人，也能表達意見，讓所有人知道。
- 指派某人擔任專門唱反調的人。這個角色負責挑戰假設，而不是爲了好玩而攻擊其他人。挑選一個機智幽默的人負責這件事，並確保其他成員了解這個情況。將這個人的貢獻納入全體討論中，可顯示你的開放心態，以及你已準備好讓人提出不受歡迎的想法。

## 鼓勵「再多考量」

- 詢問普遍的問題，例如「我們有沒有忘記什麼？」、「我們的盲點是什麼？」
- 給團隊一些時間仔細思考。如果沒有立刻一直冒出想法，可以使用某些技巧。停頓並環視房間，尋找可以和你眼神交會的人。然後友善地向他們說：「你腦海中想到的第一件事是什麼？」隨著對話持續進行，讓人們回到早先的想法。重新檢視先前的評論，並不代表談話失焦，而是表示人們在建立連結。

- 讓人們知道，會議結束後有更多時間反思，那時還是可以分享回饋意見。

在整個過程中，你的角色應盡可能支持各種不同的想法。絕對不要表現出你覺得某個主意很愚蠢，會議終了時，要記得感謝所有人的貢獻。

## 處理負面態度

當你努力引導出所有觀點時，也會聽到一些負面想法。人們不會喜歡大家提出的所有想法，而且可能不喜歡會改變自己做事方法的想法。你可能會聽到：

- **這沒必要**。「我們的產品賣得很好，顧客滿意度很高。爲什麼我們需要新的配方？」
- **風險太大**。「這個替代方案未來的運作方式有太多未知數。一旦表現不如現有的產品，很可能造成顧客流失。」
- **太貴**。「我們沒有錢投資新的計畫。」
- **這行不通**。「我們兩年前曾重新制定這個計畫，結果非常失敗，我們失去了很多顧客。」
- **這在技術上不可行**。「新產品無法達到我們的品質標準。」
- **它會改變團隊的文化**。「我們以前從來沒有這樣做

## 表 13-2：克服阻力的技巧

| 技巧 | 方法 | 腳本 |
|---|---|---|
| 說服 | ■ 請每個人根據資料、證據、事實和邏輯做出回應。 | ■「你提出了一些重要的議題。如果我沒有聽錯，你最關心的是 X。有沒有人可以回應這點？」 |
| | ■ 把這個想法拋回給原先提出的人：他認為有哪些關鍵效益？ | ■「幫助我們了解，你為什麼覺得這麼做行不通。然後，也請團隊的其他人解釋，為什麼他們覺得這有用。」 |
| 參與 | ■ 讓抗拒的人參與，詢問他的想法或是否要貢獻其他意見。 | ■「我看得出你對這一點有強烈的意見，這很好。你心目中有其他方案嗎？你會如何調整這個想法 好讓它行得通？」 |
| | ■ 把想法中吸引人的部分，和這個人已經支持的其他方案連結起來。 | ■「這個想法，是根據你早先建議我們做 X 而產生的。有什麼更好的方式可以實現你的建議？」 |
| | ■ 感謝那個人的貢獻。 | ■「我覺得這很棒，我們用建設性的方式挑戰彼此的想法。感謝你提出這些議題。」 |
| 促進 | ■ 詢問對方，如何能讓他對這個想法感到放心。 | ■「哇，我不曉得你這麼關心這件事。多說一些你對這件事的看法。」 |
| | ■ 詢問對方擔心的缺點是什麼，請團隊腦力激盪出調和這些影響的方法。 | ■「我很欣賞你的觀點，也很高興能進行這次對話。你是否能更具體說明你的疑慮，或幫助我們了解我們可能疏忽了什麼？」 |
| 談判 | ■ 鼓勵團隊在設計中考慮妥協或退讓，以解決抗拒者的擔憂。 | ■「我認為（某位成員）已經很清楚解釋他的擔憂了。大家覺得有什麼辦法可以解決這個問題？」 |
| | ■ 鼓勵抗拒的人提出新的建議。 | ■「（某位成員），我們聽到了一些解決這個問題的想法。你覺得哪一個看來最可行？」 |
| 指引 | ■ 運用你的權力調整有害評論的方向。 | ■「你總是願意與我們分享你的想法。但我們現在可能需要先進行下一步了。」 |
| | | ■「我很感謝你坦白說出心中的想法。我們之後再回來討論這一點。」 |

資料來源：改寫自《哈佛管理導師》（*Harvard ManageMentor*）一書中的〈創新實施〉。波士頓：哈佛商業評論出版社，2016 年。電子書。

過。這不是我們的工作方式。」

別讓這些評論阻止你。排除這種態度的做法，是設立強調尊重和正向態度的強大團體規範。但如果有人違反這些規範，或如果他們有其他反對意見，你必須立即回應，避免他們的評論阻止其他人的討論。表 13-2 說明五個確保談話成效的技巧：說服、參與、促進、談判和指引。

讓談話維持正向積極，並不是要忽視對想法的嚴重挑戰，而是要讓所有人都參與一起想出解決方案，並以開放的態度提出新想法。

## 打造能發揮創意的環境

當你想要解決某個問題時，應嘗試運用新工具和技巧來產生新想法，如此能讓你的團隊變得更有創意。但創造一個提供支持、安全的環境，可協助你的團隊成員在其他工作上也能充分發揮。如果他們相信你和其他同事會真誠看待他們的想法，他們就更有可能致力處理困難的問題，想出富有創意和有效的解決方案。

## 重點提示

- 創意是產生新穎想法的能力，無論是創新產品或特色、執行內部流程的更好方式，或談判中意想不到的解決方案。

- 創意不只是來自「有創意」的人。
- 妥善規畫構想會議的時間和場地布置，可以讓會議更具生產力。
- 有很多不同的工具和方法，可以產生新的想法；腦力激盪不是唯一的選擇。
- 獲得每個人的觀點非常重要；創意來自意想不到的地方。
- 心理安全感有助於個人承擔風險，並產生新的想法

## 行動項目

**規畫構想會議：**

- ☐ 選擇人們精力最充沛的時間來進行構想會議，這也讓你有機會舉行後續會議。
- ☐ 創造一個既能刺激想法、又能讓團隊專注的空間。
- ☐ 制定行爲準則，以加強對所有想法和觀點的尊重。

**領導構想會議時，應先決定你想要採取解決方案導向或問題導向的方法，再考慮以下選項：**

- ☐ 請你的團隊不受限地爲這個問題設想一個理想的未來，然後回過頭來思考如何實現這樣的未來。
- ☐ 要求團隊找到解決當前情況的方法。讓專家和非專家針對每個解決方案，積極地談論。
- ☐ 進行心智繪圖練習，將各團隊成員在單一的統一模式中看待問題的方式，連結起來。

- ❑ 安排一個傳接球做法，讓想法在成員中傳接，每個團隊成員都必須改良那個想法。

**鼓勵所有人參與：**

- ❑ 在進行下一次構想會議之前，花五分鐘爲處理尷尬時刻寫下你的指導腳本，這類時刻包括你必須打斷某人說話，或徵求某位沉默的參與人員的意見。
- ❑ 建立一個專門的網路空間，讓團隊成員在會議結束後匯整說明自己的看法，或登錄自己的後續想法，例如團隊網站或團隊聊天室，讓所有人都可以輕易進入，且不會造成大量惱人的垃圾電子郵件。定期監看這個網站，當有人貢獻想法時，你可以確認他們的意見。

**管理新想法遭遇的阻力**

- ❑ 傾聽以了解阻力的根源。反對的人是否認爲這個創新沒有必要？行不通？還是威脅到他們的地位？
- ❑ 請小組爲當前討論的想法，提供有說服力的理由。
- ❑ 讓成員積極談論自己的擔憂。促使他們進行實質對話，並促使反對和支持這個想法的人來回討論。
- ❑ 若無法有效處理負面評論，應重新引導談話的方向。

# Management

# M

身爲經理人，

你的職責是把最優秀、

最有前途的人才引入組織。

不要只是填補職位空缺，

更要考慮你希望自己的團隊

如何演變發展。

你在尋找哪些新能力？

第 14 章

# 招募和留住最佳人才

H B R

Hiring- and Keeping- the Best

你常聽到這句話：員工是組織最重要的資產。他們的技能、機構知識和工作動機，是讓公司從競爭中脫穎而出的關鍵要素。

身爲經理人，你的角色是把最優秀、最有前途的人才引進組織。在某種程度上，這是你每天都要做的工作，也就是協助團隊成員找到自己的一席之地，創造機會讓他們發光發熱。但這也需要擁有大格局思維，知道要如何找到合適的人、設計讓他們滿意的工作，以及維持他們的工作動力，以克服日常工作中的起伏，特別是當你有機會聘請新員工時。

## 規畫職務

你必須先知道自己需要聘雇什麼樣的人才，才能做出好的聘雇決定。你還要確定哪些技能和個人特性，能讓候選人很符合那個職務和組織的要求，也契合你團隊的文化。聘請一位會計，和聘請一位有技術知識、創意心態和領導技能的會計，來領導你規畫的收費系統徹底翻修，這兩者大不相同。

這不只是填補職務空缺的問題。你的團隊可以、也應該根據加入的成員來演變。一個極富紀律和幹勁的新團隊成員，也許可以推動團隊精簡工作流程；而具有強大人際互動技能的成員，可以加強協同工作的關係。若要從招募流程中獲得最大的價值，你可以把它當成務實的、也是追求理想的行動。把引導你的考量放在「誰能把這項工作做得最好？」和「誰將幫助我們的團隊繼續成長？」

若要回答這些問題，你應收集的資訊包括：那個職務本身，何種類型的人能把那個職務做好，以及他們將在何種環境下工作。

## 步驟 1：設定那個職務的主要責任和任務

如果你在為既有職務重新徵人，應先檢視現任人員的工作內容，並評估他的工作說明。那份說明是否仍很正確且貼切？想要找出答案，不妨去請教與現任人員緊密共事的其他團隊成員，問他們：「你會如何描述這個職務？就你來看，這個人最重要的工作項目是什麼？」也要和你自己的上司談談：「展望未來，你真正希望看到這個職務支持的策略目標是什麼？你最重視哪些責任？」

最後，徹底檢視舊的績效評估。當過去員工在這個職務上表現出色時，哪些成就是最重要的？哪些失敗的表現，對團隊其他成員造成最嚴重的影響？

## 步驟 2：描述理想的候選人

在評估候選人時，教育背景和經驗是你應考慮的兩項最重要資訊。在教育背景的部分，你最好具體指定某種類別的學位，或某種程度的學歷。問問自己，這類規定是否真的有必要。你在這部分是否可以有些彈性，或者產業或職能經驗足以替代學歷？

為個人特性建立標準，比較難做到。和你的同事討論並檢視你自己的檔案，也許會有幫助。哪些特性和能力造就過往員工的成就？哪些弱點最難以彌補或改變？考量分析和創意能力、決策風格、人際社交技能和動機。適當的特性不是絕對的，而是取決於其他團隊成員和他們的工作方式。不妨考慮接下來舉行小組會議，針對理想候選人的條件達成共識。

## 步驟 3：評估環境：團隊文化

你很自然地會想要聘雇一個能和團隊和諧相處的人，這個人能理解團隊的幽默、遵循團隊規範並認同團隊。但你也該有個人填補團隊在行為或能力方面的缺口。也許你們都擅長用創意解決問題，但欠缺強大的溝通習慣。更多有關找出團隊能力和文化落差的資訊，見第 12 章「領導團隊」。

## 步驟 4：撰寫工作說明

你研究過上述三個類別，也就是工作責任、理想的候選人和文化契合度，你就已經準備好可以編制工作說明。工作說明的內容包括工作簡介、基本職能、從屬關係、工作時間和必備證書。精簡說明所有這些資訊，你才能向潛在候選人，以及你可能雇用為你找到候選人的招募人員，說明這個職務的工作內容。

在某些情況下，你的組織可能有制式的格式或標準的工作說明，你可以用來當作範本。如果你要從頭開始撰寫新的工作說明，應包括以下資訊：

- 職稱、事業單位和組織名稱
- 工作職責和任務
- 招募經理人和直屬經理人
- 工作任務、責任和目標的摘要說明
- 工作時間、地點，以及你可以提供關於薪酬的任何資訊
- 需要的經驗和訓練

你的工作說明不應帶有任何歧視，且應遵守所有相關的法律限制。例如在美國，規定的職務要求條件必須與完成工作明確相關，而且不能不公平地阻止少數族裔、女性、殘疾人士或其他受保護類別的人士被聘雇。

其中許多項目可能必須先向人資部門釐清，之後你才能開始準備進入下一階段：招募。

## 招募世界級人才

你已經確定擔任這個出缺職務的候選人，必須具備哪些能力和經驗。現在，這項資訊將幫助招募人員、申請人和這個招募流程的所有其他參與者，了解「這個職務是什麼？」

招募流程的目的是找到一位候選人，他具備你先前設定的人格特性，並符合工作說明中列出的基本要求。然而，

小心不要過度局限在工作說明上（見邊欄：「招募有潛力的人員」）。

## 步驟 1：傳達職缺訊息

接觸到合格候選人，是招募工作成功與否的重要一環。要做到這一點，你應盡可能透過你能運用的所有適當管道，發送徵才訊息。和人資部門合作，將職缺資訊張貼在公司的徵才網站，以及招募機構、求職網站（愈精準鎖定愈好）、產業會議、產業刊物、校園徵才。另外也請同事推薦適當人選。

最好的候選人往往來自個人的人脈，所以除了人資的工作之外，也應透過你的社群媒體網路分享職缺。同時也要請你的同事幫忙傳播這個訊息（你可以去了解，當同事介紹的人被聘用後，公司是否會提供獎勵給介紹人）。

## 步驟 2：篩選履歷

求職信和履歷，是求職者對你的第一次自我介紹。當你有大量的履歷要審查時，兩次篩選能讓這個流程更容易掌控。第一次是排除不符合職務基本要求條件的候選人。第二次，是尋找包含以下資訊的履歷：

- 成就和成果的標誌：例如，獲利導向、穩定或持續有進展的職涯動能
- 對複雜環境的信心和能力

- 多元的經驗和技能
- 反映組織文化規範的語言
- 透過履歷和求職信所展現的清楚包裝或呈現

也請注意一些警訊，例如：

- 冗長敘述教育或個人背景，多於工作經驗的說明
- 未解釋沒有就業的時期
- 短期就業模式，特別是在求職者已進入職場數年之後
- 沒有合乎邏輯的職涯進展或連續性
- 缺乏工作結果或成就

你在這個步驟的目標，是刪減候選人清單，但不要過分嚴格限定在職務說明裡要求的條件。履歷和求職信的本質，是告訴你更多有關求職者的經驗和能力，而不是他的成長潛力。因此，留意一些可能無法完全符合你要求的條件，但展現其他潛力的履歷：充滿個人風格和活力的求職信，或者不規律但吸引人的職務進展。這些跡象可能顯示，求職者用創意方式面對日益不穩定的就業市場，而且結果相當成功。你可以在面談時詢問這些異常情況。

## 步驟 3：進行面談

詢問所有求職者同樣的核心問題，但保留空間追問可能值得進一步了解的問題。爲了盡量了解求職者，可設計一條介於結構化和非結構化面談之間的中間路線。談話應

## 招募有潛力的人員

根據克勞帝歐．佛南迪茲－亞勞茲（Claudio Fernández-Aráoz）的說法，其實你若是不過分嚴苛要求能力和經驗，而是尋求有潛力的人員，招募的效果會最好。

佛南迪茲－亞勞茲是全球高階經理人獵才公司億康先達（Egon Zehnder）的資深顧問，他花了三十年評估和追蹤高階主管績效。他解釋說：

> 在變動、不確定、複雜且模糊的環境中，以能力為基礎的評估和任命愈來愈不足夠。一旦競爭環境改變、公司策略更改，或者某人必須與不同的團隊協同工作或管理不同的團隊，那麼他目前在某個職務上表現優異的因素，日後未必適用。所以，問題不在於公司的員工和領導人是否擁有合適的技能，而在於他們是否有潛力學習新技能。

為了找出高潛力的候選人，佛南迪茲－亞勞茲把重點擺在五個特性上：

- **動機：**致力追求無私的目標，務求在這方面表現優異

- **好奇心**：喜愛尋求新的體驗、知識和坦率的回饋意見，並對學習和改變抱持開放態度
- **洞察力**：有能力收集和理解資訊，從中看出新的可能性
- **參與**：善於運用情感和邏輯， 溝通傳達具說服力的願景，並與人們建立關係
- **決心**：無懼挑戰，努力達成艱難目標，而且能從逆境中恢復

如果你在求才時強調這些內在特質，就會優先考慮擁有內在資源，能在快速變化的不熟悉環境中成功的候選人。

資料來源：克勞帝歐．佛南迪茲－亞勞茲〈21 世紀人才「照過來」〉（21st-Century Talent Spotting），《哈佛商業評論》全球繁體中文版，2014 年 6 月號。

分三個階段進行：

- **開場**。這部分應配置 10%的時間。你應該要讓候選人感到自在，好讓他坦白回答你的問題，所以請你準時開始，並表現友善。你可以先自我介紹，說明你的職務，並提供你個人的一些資訊：你最初怎麼會來這家公司，或是求職者的求職信或履歷中的某個細節，和你個人有哪些關聯。若有其他人參加面談，他們也應該介紹自己。你不妨坦然面對這個情況會有點尷尬。些許的幽默能讓來面談的人放鬆。
- **主體**。配置 80%的時間在這個階段。這時你必須收集有助於評估求職者的資訊，還有「推銷」自己的組織。把你的核心問題當成指引，根據求職者的履歷直接詢問。找出和你設想的條件一致的相似之處和行為模式，直接詢問細節，並找出具體的成功做法。大約有 80%的時間你應該用來問問題和傾聽，畢竟，如果你一直在說話，就無法得到資訊。仔細記下具體的細節，而不只是你的整體印象，這可協助你回想重要的事實，並提供讓人信服的理由，向其他的招募委員會成員說明你為何傾向雇用某位求職者。也要詢問求職者是否有任何問題，尤其是那些可能會影響他們對該職位的理解，或是否決定參與下一階段面談的問題。
- **結束**。把最後 10%的面談時間用來結束談話。感謝候選人前來面談，並向他們解釋如何和何時會得知後續面談通知或決定。針對你認爲最可能影響對方決定的議題，簡短提醒他們自家組織的強項。詢問他們是否還有任何問題，與他們握手並陪他們走出去。

若採用這種形式，成功與否取決於你是否提出好的問題。在準備面談內容時，可參考邊欄「面談問題」。

在面談期間或面談結束後，你或你的人資招募人員應請候選人提供推薦人。當你和這些推薦人談話，以及和候選人有關聯的任何其他經理人、同事或部屬談話時，應確認面談者的基本說法是否眞實。但你也可以調整邊欄「面談問題」中的問題，以便更完整了解求職者。

## 步驟 4：評估候選人

判斷其他人是否適合某個職位，這始終是個主觀行動。他們究竟多聰明？他們會和團隊其他成員好好相處嗎？他們是發自內心想要追求成功，還是裝出來的？在你根據印象做出決定之前，先盡可能清楚地判斷自己可能有哪些偏誤，而這些偏誤也許會不恰當地影響你的決定。對外向推薦人和招募委員會其他成員尋求驗證，然後盡量善用你的主觀判斷來做出決定。這表示，你挑選某個人，是因爲你認爲他眞的有決心想要成功，而不是因爲你們是同一所大學畢業的，或因爲他很容易與人談話。

## 面談問題

**評估經驗和能力**

- 「過去六個月裡，有哪三件事令你最自豪？」
- 「告訴我，你在 X 產業 X 團隊的經歷。這個經歷和這個職位有什麼關係？」（重複）
- 「你的履歷表裡提到實現 X 的成果，你在當中扮演什麼角色？」
- 「你如何衡量 X 職務的成功？」
- 「你曾接受過最具挑戰性的目標是什麼？」
- 「貫穿你履歷上所有工作的是什麼？」

**多了解他們的觀點**

- 「你最喜歡哪個職務？爲什麼？」
- 「你的同事會用哪五個形容詞來描述你？」
- 「你經歷過的最大挫敗是什麼，你如何處理它？」
- 「根據產業趨勢，你認爲這個職務在未來三到五年內將如何演變？」

要妥善安排你的評估作業，可以先畫一個像表 14-1 的決策矩陣。在每個類別中，用一到五分爲求職者評分，其

**衡量潛力**

- 「你如何拓展個人思維、經驗或個人發展？」
- 「你採取哪些步驟，來探尋未知事物？」
- 「你如何邀請其他團隊成員提供意見？」
- 「當有人挑戰你時，你如何反應？」
- 「你為什麼認為是因為自己的成長潛力而獲選？」

**衡量文化契合度**

- 「你在什麼類型的文化下最能好好發展，為什麼？」
- 「你喜歡什麼價值觀，你理想的工作場所是什麼樣的？」
- 「你為什麼想在這裡工作？」
- 「舉例說明你曾和同事或上司意見不合的情況，以及你如何處理這樣的情況。」

中 5 代表「優秀」（最好在面談後立刻填寫這個表；如果不行，請使用「注」）。然後，在「注」的部分，寫下你認爲這個求職者最出色的地方、最令你擔心的地方、最讓你感到困惑或看似異常的地方，最後，寫下有哪些個人偏誤可能影響你的觀點。不要忽視這最後一步。你應坦然面對，在任何決策過程中，你的偏誤一定會是其中很關鍵的一部分。這麼做不會使你的判斷無效，而是能夠協助你再次檢查、最終捍衛你的判斷的有效性。

要求決策團隊的其他成員也填寫這種圖表。這些資訊可作爲一個共同的起點，協助成員確認本身的主觀意見，並以有組織的方式來解決衝突。

最終，你們都必須回答兩個問題：「我們是否有足夠的資訊，可做出正確決定？」和「我們希望這個人爲我們工作嗎？」如果兩者的答案都是肯定的，恭喜！是時候發出錄取通知了。

## 步驟 5：錄取通知

確認清楚在你的組織裡，應該由誰發出錄取通知。在有些公司裡，由出缺職位的直屬主管或經理人負責；另外一些公司則是由人資部門來做。

錄取通知經常是親自告知，或透過電話通知。在口頭通知後，你也應該發送書面確認函。在這兩種情況中，都應該展現熱忱和個人情感，你或許可以提到你記得面談中的一些正面資訊。向求職者打聽你擔心事項的相關資訊，他們何時會做出決定，以及他們可能正在考慮的其他工作。

## 表 14-1：求職者評估表

**職稱：**

| 分數，1（差勁）到 5（優秀） | | | | | | | |
|---|---|---|---|---|---|---|---|
| 求職者姓名 | 教育 | 工作經驗 | 工作成就 | 個人特性 | 文化契合度 | 潛力 | 總分 |
| | | | | | | | |
| | 注： | | | | | | |
| | 我的偏誤： | | | | | | |
| | | | | | | | |

資料來源：《哈佛商業評論》。《哈佛商業必備：經理人工具包》（*Harvard Business Essentials: The Manager's Toolkit*）。波士頓：哈佛商業評論出版社，2004 年。

錄取通知書（offer letter）是正式文件，因此在發送之前，一定要徵求人資部門的意見。不要暗示這份錄取信是聘雇合約。在錄取信中應列出重要的事實，例如：

- 開始日期
- 職稱
- 預期的責任
- 薪酬
- 福利摘要
- 回覆錄取通知的時限

如果求職者接受錄取，你作爲人才經理人的職責還有很多事要做。你聘雇了這個人才之後，還必須知道要如何留住他。

## 留住員工

留住優秀員工之所以重要，有兩個基本原因。第一，當員工離職時，你的公司失去他們的知識和他們獲得的技能（通常耗費高昂代價而獲得）。若這些員工加入競爭對手公司，損失會更大。

其次，低留任率也會為組織帶來高昂的徵才成本。美國勞動部估計，離職的總成本約是新人年薪的三分之一。而對於管理和專業人員，或擁有難以取得的少見技能的人員來說，這個比重更是大幅攀升。研究人員指出，在新興市場，「經驗豐富的經理人是供給最有限的人員，這類人才短缺的問題預計將再持續二十年。」強大的留才實務可協助這些公司，在競爭環境下留住優秀員工。

了解員工去與留的原因很重要，攸關你自己團隊的穩定性。員工決定是否留在組織裡，背後往往有五大議題：

### 議題1：對組織的光榮感和信任

人們希望任職的公司，應該要管理良好，而且有強大的使命和足智多謀的幹練領導人。如果他們不信任領導人，或覺得組織在浪費自己的努力，他們就會離開。

#### 怎麼辦

想辦法用和諧正向的方式，讓公司領導階層和你的團隊溝通，並善用每個機會，把團隊的工作和組織的整體使命連結在一起。可能的做法，是在每次會議中納入一個議程項目，討論本次會議的內容如何連結到公司使命，以及你團隊的策略目標。

鼓勵員工參加全公司的活動，在這類活動中，他們可以觀察公司領導人，也可以和他們交談，並在適當的時候，邀請幾位員工一起參加你與更高層主管的會議。如果組織的一些事件動搖了員工的信任（例如裁員或季度業績不振），請主動向團隊成員說明，公司正在做哪些事情來扭轉局面。強調這些動盪時期爲員工創造的機會。

此外，邀請你自己的上司和其他人，參觀你團隊的工作空間，可以採取非正式的散步或見面會形式。這類互動可以建立雙方的信任。

## 議題 2：與主管的關係

人們想要有能夠讓他們尊重的上司，而且希望上司能支持他們。如果他們與上司的關係變得緊張或有問題，而且他們在組織中看不到其他選擇，就會與公司疏遠。

### 怎麼辦

雖然向上管理和建立組織內的影響力是你的職責，但在你的團隊眼中，最重要的是你和他們的關係。員工對於一些事情非常敏感，包括你是否將他們視爲資產，需要管理才能有最佳產出，或者你是否眞的關心成員的發展；因此在第 3 章〈情緒智慧〉和第 11 章〈培養人才〉裡提到的策略很重要。

## 議題 3：有意義的工作

人們希望任職的公司能讓他們從事符合自己最深刻興趣的工作。令人滿足和能激勵人的工作，讓所有人都更有生產力。如果人們的責任轉移到自己較沒有興趣的工作，他們就會開始尋找其他更好的機會。

### 怎麼辦

定期和你的員工談話，了解他們的職責契合度。如果普遍存在落差（「我一直認爲我最擅長策略思考，但最近我的工作主要轉向執行」），就該重新設計職位。你如果能夠找出某個職位裡造成滿意和不滿意的因素，也許就能劃出不滿意的任務，把它交給其他喜歡這類工作的人。如果你不能完全重新調整這個職務，不妨考慮其他可以減輕成員不滿的措施，包括：設定工作輪調或延伸性任務（見第 11 章中的「延伸性任務」）、爲重複性工作添加變化，或偶爾讓孤立的員工參與團隊專案。如果某個職位要做一些眞的很令人厭惡的任務，可考慮取消或外包這些任務。外包的成本實際上可能低於高離職率的成本。

## 議題 4：工作與生活的平衡

人們理想的工作環境，是不會讓自己犧牲生活中創造意義的其他來源，包括家庭、社區和休閒活動。如果工作讓他們無法參與這些重要事項，或讓他們承擔無法忍受的精神和情緒負擔，他們就會求去。

### 怎麼辦

很多職位都會有週期性的忙碌期，使得很難維持工作和生活的平衡。在你指導團隊時，和他們分享第 7 章「個人生產力」裡傳授的技巧。一定要你的員工明白，有哪些商業優先要務讓他們目前的生活變得如此難過，以及他們個人可得到什麼回報。最重要的是，要承認他們的犧牲。對於家庭生活陷入危機中的人來說，「振作」或「我們向來都是如此」的輕蔑態度，只會深深疏遠了那些家庭生活陷入危機的人。你也應該嘗試用新的方式來完成工作，例如遠距工作和彈性工時。

在這些忙碌時期之外，你應設定一個基調，讓工作以外的充實生活正常化。鼓勵人們談論他們如何過週末、他們的假期計畫是什麼、他們的孩子過得如何，以及最近迷上什麼新愛好。清楚表達你贊同健康的工作與生活界限，而且你不認爲這會對團隊的努力奉獻造成威脅。

## 議題 5：公平的薪酬

人們希望，任職的公司能為他們的努力付出而公平支付薪資。這不只包括有競爭力的薪資和福利，還包括無形的酬勞，像是學習、成長和達成目標的機會。

### 怎麼辦

這是難以處理的複雜問題。一方面，如果有才能的員工感覺自己的價值被低估，他們會離開。即使有強烈內在動機的人，也會將自己的薪酬視為組織重視自己貢獻和能力的指標。但薪酬不是完全可靠的激勵因素。多年前，動機研究的創始人之一菲德烈·赫茲伯格（Frederick Herzberg）發現，加薪頂多可以產生暫時的績效改善；另外一些研究證實，僅靠加薪並不是強大的留才工具。

那你該怎麼辦？高階主管獵才公司億康先達資深顧問克勞帝歐·佛南迪茲-亞勞茲、哈佛商學院教授鮑瑞思·葛羅伊斯堡（Boris Groysberg）和哈佛商學院院長尼汀·諾瑞亞（Nitin Nohria）合作，分析了公司如何評估和管理前景看好的明日之星，他們提出的最重要建議，就是提供公平和具市場競爭力的薪水。你給予低於市場水準的薪水而省下來的錢，都會因為低迷的獲利和離職成本而浪費掉。但不要做過頭。即使你能夠承擔「超額」的財務激勵，也可能帶來反效果。「雖然公司首先必須支付高薪來吸引和留住高潛力人才，但也應該小心不要做過頭，因為這必然會讓那些未被歸類為高潛力人員的員工感到氣餒，他們可能覺得自己的薪酬過低。」

對團隊中的個別成員來說，有些議題會比其他議題更重要。在你和團隊成員一起工作時，應先判斷個別成員最重視哪一種激勵，以便你依據個別需求，量身打造你的留才策略。

## 動機和投入程度

在上一節中，你從策略角度思考留才：「最重要的壓力點在哪裡？我能做些什麼來讓這些工作符合公司的利益？」先前概述的擔憂事項，從組織光榮感到公平的薪酬，都只是用不同的形式來表達同樣的根本議題：員工動機。

什麼因素讓人們想要屬於你的團隊？是什麼讓他們願意盡全力完成你的要求？這些問題似乎非常根本，以致很容易想像它們沒有眞正的答案。但這些問題確實有答案。數十年的研究（從先前提到的赫茲伯格開始），對於是什麼因素眞正讓人們投入工作，已經給了我們一個非常一致的樣貌：有趣、具挑戰性的工作，有機會達成目標，並成長發展足以擔當更大的責任。

哈佛商學院教授泰瑞莎·艾默伯（Teresa Amabile）和史帝文·克瑞默（Steven Kramer）近期的研究證實了這一點。艾默伯和克瑞默研究如何推動組織內的創新工作，結果發現「在上班日當中，最能激勵情緒、動機和觀感的事情，就是能讓有意義的工作取得進展。長期而言，員工愈常體驗到這種進展，就愈有可能具備創意生產力。」他們稱之為「進展法則」，並鼓勵經理人提供「催化劑和滋養劑」，讓人們感覺自己每天都在進步，例如，設定明確、可達成的短期目標，並在團隊成員追求這些目標時，給予自主權，表達對團隊成員的尊重等等。

赫茲伯格原本的建議是「豐富」團隊的工作，包括讓員工保持幹勁的七個策略（見表 14-2）。

身為經理人，你必須不斷平衡個人與公司的需求和渴望。無論你是在招募新人，或嘗試讓不滿的員工重新認真投入工作，你都必須了解他們為團隊帶來的價值，盡量提高這些價值。但你也必須牢記他們在乎的事情，知道激勵、獎勵、培養和支持他們的最佳做法。沒有任何一個項目明顯優先於其他項目；相反地，它們是共生的。公司的成功要仰賴滿足和認真工作的員工；員工仰賴策略領導來獲得自己的幸福和價值感。

在這一部之中，你學會思考有關員工的部分。在第五部「管理企業」，你將學習如何思考企業的部分。

## 重點提示

- 身為經理人，你的職責是把最優秀、最有前途的人才引入組織。

## 表 14-2：讓工作變豐富的原則

| 原則 | 相關誘因 |
|---|---|
| 在保有責任的同時，取消一些控制。例如，限制員工需要找你簽核決定的次數。你可以安排站立會議（standing meeting），讓員工向你報告最新工作進度，而你可以提供指導。 | 責任和個人成就 |
| 增加員工個人對自己工作的責任。例如，為特定任務設定明確的目標，然後要求員工向你回報達成那個目標的進度。 | 責任和賞識 |
| 給員工一個完整自然的工作單位（模組、部門、區域等）。例如，讓銷售人員負責不同的地理區域或客群。 | 責任、成就和賞識 |
| 在員工活動中給予員工更多權力；工作自由。例如，請員工重新設計他們認為更好的工作流程。 | 責任、成就和賞識 |
| 讓團隊成員彼此可以直接討論，而不是定期向主管報告。例如，召開團隊會議討論季度成果、分享業績、討論下一季的目標。 | 內部賞識 |
| 引進先前未曾處理過的新任務和更艱難的任務。例如，委派員工執行你挑選的領導任務，或規畫延伸性任務。 | 成長和學習 |
| 指派個人執行特定或專門的任務，讓他們成為專家。例如，要求員工研究團隊裡的一個議題，也許是一個和他們的工作說明或過去經驗可產生共鳴的問題，並向你建議行動方向。 | 責任、成長和進步 |

資料來源：菲德烈・赫茲伯格（Frederick Herzberg），〈給重金，不如給重任〉（“One More Time: How Do You Motivate Employees?” *HBR*, January 2003）。

- 你必須知道自己需要聘雇什麼樣的人才，才能做出好的聘雇決定。
- 不要只是填補職位空缺，更要考慮你希望自己的團隊如何演變發展。你在尋找哪些新能力？
- 招募新人時，切勿過度局限在工作說明上。找到一個能成長的人，可能更重要。
- 對組織來說，留住人才極為重要，因為離職成本約是那名員工薪資的三分之一。

- 了解是什麼因素讓人願意留在你的公司，以及屬於你的團隊，你就知道如何激勵員工。

## 行動項目

**界定你要徵人的職務：**

- ❑ 使用當前的工作說明，並和現任員工、他們的同事，甚至你的上司討論，界定你要徵人的職務有哪些主要任務和責任。
- ❑ 列出你心目中理想候選人應具備的個人和專業特性。與你的團隊和同事討論，檢視過去的績效評量，以找出最重要的特質。
- ❑ 把這些資訊全都整合到工作說明中，並向人資部門確認。

**招募人才**

- ❑ 當你開始徵才，可透過最有可能產生高品質候選人的人員和通路，來傳播求職資訊。
- ❑ 在面談時多聽少說。提出問題，好讓你能全面了解面談者的工作經歷和觀點。
- ❑ 用標準化的方式評估候選人，以便找出自己的偏誤，並雨有意義的方式和同事比較意見。
- ❑ 找出公司裡誰有權發出正式錄取通知。透過電話或親自通知錄取，然後寄出錄取通知書。

### 留才

- ❑ 建立團隊和組織領導階層之間的連結，無論是談論領導人的願景和活動，或是安排面對面的會議。
- ❑ 在工作變得乏味時，對重新設計工作抱持開放態度。
- ❑ 積極指導團隊成員度過工作與生活平衡方面的困難階段，並鼓勵他們找到工作之外的成就感。
- ❑ 公平支付員工薪酬，但不要期望有錢就能彌補其他根本的不滿。

### 激勵員工

- ❑ 一對一或與一群分擔相同職務的人，進行非正式的談話，討論艾默伯和克瑞默所謂的團隊「內在工作狀態」。問「你覺得現在的工作給你多少的樂趣和挑戰？你認爲在工作的哪些部分上，你眞的在成長？哪些部分似乎停滯不前？」
- ❑ 檢查整個團隊的任務和責任分派情況。你可以如何把這些元素調動到不同的職務上，以加深個別團隊成員獲得的專業知識或責任感？
- ❑ 加強溝通計畫的變化。當優先任務發生變化、截止期限改變，或是任務被取消，你應立即向你的員工說明爲什麼會發生這種情況，以及這對他們來說意味什麼。強調他們已經完成的工作的價值，並解釋會如何把這些價值帶到新的計畫裡。

第五部

# 管理企業

# Managing the Business

從部門或團隊主管，到組織領導人，
你的管理力要如何更上層樓？

## 第 15 章　策略入門課
Strategy: A Primer

## 第 16 章　掌握財務工具
Mastering Financial Tools

## 第 17 章　打造提案說明書
Developing a Business Case

Management

M

身為經理人，

你在日常活動中愈採取策略心態，

就會在自己的職涯和團隊中

看到愈多好處。

強調團隊成員貢獻的策略性價值，

並請他們參與有關公司未來的對話，

可以讓他們的工作更有意義。

第 15 章

# 策略入門課

H B R

Strategy: A Primer

身爲經理人，你聚焦在讓你的部門盡可能有效運作：把事情做好（doing things right）。但身爲領導人，你有另一項職責：做對的事（to do the right things），也就是說，針對你的單位應該如何爲你們組織的整體成功作出貢獻，制定策略性決策。

若要極大化你團隊的貢獻，你必須使他們的工作，與公司的策略和公司其他員工的行動協同一致。若是你的人員看到自身確實有在推動改變，對你的領導就會更有信心，也會更努力執行你的決策。而且，這種信任會提升未來的業績。

在第 4 章〈成功的自我定位〉中，我們討論你應如何開始讓自己和所屬團隊的工作，與組織的策略和目標協同一致。在本章，你會發現在你職涯的成長過程中，你能在組織的策略思維裡扮演什麼角色，包括策略是什麼、如何制定策略，以及如何領導你的團隊度過接下來的整個變革過程。

## 你在策略中的角色

如果你是初階或中階經理人，制定策略可能不是你的職責之一，但隨著你在組織中職位升高，制定策略就是你的職責了。因此，應及早開始從策略的角度來思考公司業務。每天你都在作許多決定，也就是可能有助或有害你們組織的許多選擇，而結果是有助或有害，取決於它們和公司的較廣大策略是否協同一致。若要爲組織帶來最佳的整體成果，你必須考慮每個行動路徑的可能影響。換句話說，你必須進行策略性思考。

例如，分析企業流程時，你內心在意「把事情做好」的那部分，會著眼於如何降低成本、提高時效，或是產出的品質。但身爲策略性思考者，你也會問自己：我們眞的應該使用這個流程嗎？對公司的目標來說，這個流程會比你想引進的新流程更重要，或是較不重要？如果問這些較高層次的問題，並質疑各種假設，你會作出更明智的長期決策。你的團隊也會爲整個組織作出更有意義的貢獻。

你在職涯中愈往上晉升，對策略的理解就變得愈重要。當你承擔更多責任，人們會期望你引領團隊，發揮你們公司獨特的競爭優勢，並制定各種計畫，進一步提升競爭優勢。你現在可以透過學習策略是什麼，以及如何研擬策略，來建立這些實力。你若嫻熟精通這些課題，有助於你在未來脫穎而出。

## 策略是什麼？

波士頓顧問公司（Boston Consulting Group）創辦人布魯斯·韓德森（Bruce Henderson）曾寫道：「策略是刻意尋求一項行動計畫，以發展企業的競爭優勢，並強化優勢。」他接著寫道，從差異中可找到競爭優勢：「你和你的競爭對手之間的差異，就是你的優勢的基礎。」韓德森認爲，兩個競爭者如果用相同方式做生意，就無法共存。他們必須創造差異化才能生存。

例如，在同一街區上的兩家男裝店，一家主打正式服裝，另一家著重休閒服飾，它們就可能共存共榮。但如果這兩家店以同樣價位出售相同物品，其中一家就會倒閉。更有可能的是，透過價格、產品組合或店內環境，來進行差異化的那家商店，就會存活。哈佛商學院教授麥可·波特（Michael E. Porter）的著作，啓發了現代企業的策略思考，他的見解與韓德森相同。波特認爲：「競爭策略講求的是與眾不同。這意味著要刻意選擇一套不同的活動，以提供獨特的價值組合。」來看看這些例子：

- 西南航空（Southwest Airlines）成爲北美最賺錢的航空公司，並不是藉著模仿競爭對手來做到，而是以低票價、多班次、點對點服務和取悅顧客的服務等組成的策略，來進行差異化。
- 豐田開發油電混合引擎汽車普銳斯（Prius）的策略，是在兩個重要顧客區隔中創造競爭優勢：其中一群顧客希望擁有對環境無害、運作費用低廉的汽車，另外一群顧客則渴望獲得汽車工程界最新的產品。豐田也希望從普銳斯學到的心得，能讓公司在未來有巨大潛力的技術領域，取得領導地位。

策略可著重在低成本領先（low-cost leadership）、技術獨特性（technical uniqueness），或是聚焦（focus）。波特還認爲，你可以從策略定位的角度思考策略，「進行和對手不同的活動，或是以不同的方式，進行類似的活動」。

這些定位有三個來源，有時彼此會重疊：

- **以需求爲基礎的定位**。採取這個方法的公司，目標是要服務特定顧客群，滿足他們全部或大部分需求。這些顧客可能對價格很敏感，需要高度的個人關注與服務，或者可能想要針對他們的需求而特別量身打造的產品或服務。標靶百貨（Target）聚焦在注重形象的購物人士，就是這種定位的一例。
- **以產品種類爲基礎的定位**。這類公司從所在行業裡的廣泛產品組合中，選擇一小部分產品或服務。如果它能以低於競爭對手的成本，比對手更快提供更好的產品或服務，這個策略就能成功。沃爾瑪（Walmart）以前決定不陳列家電和電子產品等高價商品，就是這種定位的例子。
- **以接觸方式爲基礎的定位**。有些策略，是以接觸顧客的方式爲基礎。例如，折扣商品連鎖店可能選擇把商店專門設在低收入社區。這可以減少來自郊區購物商場的競爭，也可以讓它們目標市場的低收入購物者（多半沒有汽車），很容易來到它們的商店。標靶百貨決定把分店設在都市內，就是這種定位的一例。

當然，單是創造差異，還無法使你的生意做得長久。你的策略也必須提供價值。顧客以不同的方式定義價值：更低價、更便利、更可靠、更快交貨、更有美感、更好用。取悅顧客的價值清單非常長。你評估自家公司如何取得競爭優勢的策略時，要問自己這些問題：

- 我們是依據需求、產品種類或接觸顧客的方式，來創造差異化？
- 我們的定位如何吸走對手的顧客？這個定位如何吸引新顧客進入市場？
- 我們的策略目標是要提供什麼價值？是否有做到？
- 這個策略為我們公司帶來什麼具體的優勢？

了解你們公司在這方面的做法，可磨練你的策略思考能力，還能讓你從頭開始，制定你自己團隊的策略。

## 發展策略

如果你研擬策略的經驗不多，要知道大多數經理人也是如此。那是因為研擬策略不是日常活動。「高階主管透過一再處理問題，來磨練他們的管理能力。」哈佛商學院教授克雷頓．克里斯汀生（Clayton M. Christensen）指出。「然而，改變策略通常不是經理人會一再面臨的任務。一旦企業找到有效的策略，就想要使用，而不是改變它。結果，大多數管理團隊沒有培養出策略思考的能力。」

無論你是在重振團隊的商業模式，或是從頭開始建立新的事業單位，都必須分析公司外部環境與內部資源之間的關聯。這正是打造策略的本質，也就是要找出企業面臨的商機和威脅，與你的特殊因應能力，這兩者之間的獨特關聯。

進行這個分析的順序非常重要。如果你先找出外在世界的問題，然後在公司內部尋求解決方案，會產生最佳成果。如果反向進行，這個流程極少能成功；也就是說，策略性行動方案如果不是建立在實際的商業需求上，可能會使你的競爭力下降，而不是上升。

過去數十年來，波特等人的著作中，出現許多打造策略的架構；本章末的〈策略思想流派導覽〉一文，摘要說明其中的重大發展。以下的步驟，是這些流程的概括要點，也許可以讓你做好準備爲公司的策略作出貢獻，並確保你的團隊好好制定計畫。

## 第 1 步：向外界尋找威脅與機會

組織的外部環境中總是有許多威脅：新進入的公司、人口結構變動、可能切斷與你的關係的供應商、可能破壞你生意的替代產品，以及可能降低顧客付款能力的總體經濟趨勢。機會也潛藏在新問世的技術、尚未獲得服務的市場等領域裡。

收集你可能會互動的顧客、供應商和產業專家的看法，可加深你對這方面的了解。與組織中的其他人談話，以找出目前的威脅與機會。有些公司，尤其是技術領域的公司，會延攬科學家與工程師團隊，來分析市場、競爭對手和技術發展。他們的職責，是尋找任何可能威脅到目前生意的事物，或是指出公司應走的新方向。可能的話，你應該要有這項工作的經驗。

無論是你的角色會對策略研擬直接作出貢獻，或只是試圖了解你的營運環境，都要考慮以下問題：

- 我們必須在什麼樣的經濟環境下營運？它正在作何改變？
- 五到十年之後，顧客對我們會有什麼要求／期望？那時候，世界已出現什麼變化？
- 我們現在面臨，或是可能即將面臨的主要威脅是什麼？我們的競爭對手努力要順應當前環境的哪些方面？
- 我們面對哪些機會可以採取可獲利的行動？不同的機會和潛在的行動路徑，有哪些相關風險？

## 第 2 步：檢視內部資源、能力和實務

內部資源和能力，可能建構並支持公司的策略，也可能限制公司的策略，尤其是擁有大量員工和固定資產的大型公司。理當如此。如果有項策略是要好好利用電子業裡尚未獲得服務的市場，而你的公司缺乏實施這項策略所需的財務資本與人員知識，那麼這項策略就不可行。同樣地，如果有項策略需要員工具備創業精神，而你公司的管理實務獎勵的是服務年資，而不是個人績效，那麼這項策略可能就無法展開了。

這些內部能力（尤其是人的能力）非常重要，但策略人員常忽視這一點。無論你參與組織或團隊策略研擬的程

度有多深，都要考慮以下問題：

- 我們這個組織或團隊擁有哪些能力？那些能力讓我們相較於競爭對手擁有了什麼優勢？
- 哪些資源支持或限制我們的行動？
- 我們的雇用實務做法鼓勵哪些態度與行爲？
- 我們的工作人員擅長什麼？他們難以完成的是什麼？
- 需要哪些條件才能落實眞正的變革？

## 第 3 步：考慮變革策略

一旦了解不斷變化的外部世界會如何影響你的公司，以及公司或你的團隊目前從內部看來的情況，接下來就是考慮變革方向的時候了。克里斯汀生主張，負責策略的團隊首先應該爲他們發現的威脅與商機，排列優先順序（他稱爲競爭的「驅動力」），然後逐一進行概括討論。就像所有的構想發想會議，如果你推動團隊想出許多替代方案，這些對話成效會最好（有關腦力激盪的更多資訊，見第 13 章「產生想法的工具」那一節）。很少只有一種做事方式，而且在有些情況下，結合兩種不同策略的最佳部分，可形成更強大的第三種選項。

你和上司、同事或你自己的團隊共事時，在這個階段不要太執著於自己的新構想。應查核事實，並質疑你的假設。有些資訊一定會找不到，所以要確定你的知識缺口在哪裡，以及如何塡補。你的選項開始形成時，要和其他人一起審查優先的策略選項，這些人選包括長期員工、主題專家，以及你人脈網絡中的其他同業。（當然，你必須注意要和他們每個人分享多少資訊。）收集各種反應，可幫助你克服團體迷思（groupthink）。

## 第 4 步：讓支持策略的各項活動相互配合良好

依照波特的觀點，優良的商業策略把許多活動組合成一條鏈，各個環節相互支持，而把模仿者排拒在外。以西南航空公司的崛起爲例：如波特的描述，該公司的突破性策略，是基於快速的登機門周轉時間（gate turnaround；編按：指完成再起飛之前各項準備工作的時間），使得西南航空能安排頻繁的航班，盡量善用昂貴的飛機資產。對登機門周轉時間的重視，也吻合西南航空爲顧客提供的低費用、高便利性的主張。公司所有營運作業的重要活動，都支持這些目標：極爲積極、工作有成效的登機門人員和地勤人員，不提供餐飲政策，以及不提供跨航線行李轉運服務。這一切，使得快速周轉的時間得以實現。波特寫道，「西南航空的策略涉及一整套系統的活動，而不只是把個別活動匯整在一起。它的競爭優勢來自於各活動彼此契合、互相強化的方式。」

如果要把你組織的策略系統化，應聚焦在以下問題：

- 實施我們的策略時，要採用哪些活動與流程？其中哪些對策略的成功最重要（和最不重要）？

- 我們如何修改每個活動和流程，以加強對策略的支持？我們如何組織這些變化，來增強我們的優勢？
- 我們應該爲哪些資源和限制進行規畫？我們如何施行最高優先、影響最大的變革？

## 第 5 步：建立協同性

制定了令人滿意的策略之後，你的工作只完成一半。另一半是執行。你必須在人員和營運，與策略之間建立協同性（alignment），這對任何層級的經理人都很重要。理想情況下，公司各級員工都應了解（1）公司的策略是什麼；（2）他們應扮演的角色是什麼，好讓公司策略發揮成效；（3）這項策略對組織和他們個人的好處是什麼。唯有讓你的員工深刻了解這三點，他們才能夠、也願意執行他們的工作。

像你這樣的經理人，在這個過程中扮演兩個角色。一是擔任協調人，你必須好好組織安排你部門的工作，以便日常作業能支持企業的策略意圖。這表示要擬定委派任務、精簡流程和重塑角色，以免浪費任何人的時間，而且人人都覺得與共同的使命感有連結。二是擔任溝通者，你必須協助員工了解策略，以及他們的工作如何對策略作出貢獻。即使是你的初階員工，也應該能闡明組織的目標，並說明他們每天的工作如何契合目標。

## 變革無法水到渠成

身為領導人，你必須確保員工了解你的策略，並直覺地同意，支持你的策略對他們有利。有時候這很容易做到，但也有些時候，組織的變革需要你更刻意的努力。

## 領導變革與過渡時期

如果你正在領導團隊進行策略性變革，可能會得到各種回應，像是「這正是我們需要的！我加入！」，也有些人會詫異地凝視、雙唇緊閉著微笑。有些員工的回應可能是公開表示懷疑、害怕或憤怒。這些反應常讓經理人感到意外。為了克服阻力，你必須在整個過程中積極尋求支持。在第 5 章〈成為有影響力的人〉中，你已大致學會如何做到這一點，現在，我們專門討論如何進行策略性變革。

## 闡明別人會追隨的願景

研究商界領導力的學者大衛．布瑞德福（David Bradford）和艾倫．柯恩（Allen Cohen）指出，若要推動重要變革，一定要有人提出吸引人的願景，以引發團體的活力朝向某個方向努力。「人們必須看到那項變革值得一切努力，」他們寫道。「抽象地設想互動式變革很困難。」把願景想成你的新策略希望得到的最終成果的情景：它看起來將是什麼樣子，如何運作，會產生什麼成果。把願景和你的追隨者原本就關切的事物連結起來，也有助益。

分享願景的方式，要能鼓勵大家接受那個願景：

## 聚焦在人

「願景絕對不能只包括五年計畫中常見的數字，」哈佛商學院教授約翰·科特（John Kotter）說，他著有經典書籍《領導人的變革法則》（*Leading Change: Why Transformation Efforts Fail*）。若要和你的團隊建立情感層面的連結，他建議說個故事，述說你正在尋求的變革，將如何影響和你公司有關的眞實人物：顧客與員工。詳細描繪這個景象：例如，和顧客的互動改進後會是什麼情形？在這些互動過程中，顧客和員工會有什麼感受？如何讓他們的生活更美好？

## 練習、練習、再練習

你可能無法第一次就妥善傳達你的願景聲明。你在變革過程中獲得更多經驗，也了解人員的反應之後，應調整你的訴求方式。科特提供了這個衡量標準：「如果不能在五分鐘之內向他人傳達願景，且對方的反應是了解和感興趣，你就沒有傳達完成。」

## 把願景融入日常管理

必須要讓員工一再接觸你的構想，他們才能眞正吸收內化那些構想。「善於溝通的高階主管，會把訊息融入日常活動中，」科特說：「在例行討論業務問題時，他們談到解決方案的提案，如何契合（或不契合）整體大局。在定期的績效考核中，他們談論員工的行爲如何幫助或破壞願景。」要讓員工以你的願景爲中心進行互動，藉此向員工展示策略變革將如何發揮作用，以及爲何變革很重要，而且你希望他們認眞看待這項變革。

## 找到合適的盟友

人們必須先接受傳達訊息的人，才會接受他帶來的訊息。你可能不是人人都接受的傳訊人，這沒關係。你應找到人人可接受的傳訊人。查看指揮鏈上下的所有人，尋找被同事認爲值得信任且能幹的人，以及似乎願意接受變革的人。聚焦在說服這些人，並要求他們扮演領導同儕的角色。也許是由他們主持你與團隊其他成員的會議，在問答時段支援你，或只是在你和他們與同事的定期互動中支持你的計畫。

## 爭取尚未投入變革的人

隆納德．海菲茲（Ronald Heifetz）與馬愓．林斯基（Marty Linsky）在哈佛大學甘迺迪政府學院（John F. Kennedy School of Government at Harvard University）教授領導學，並在劍橋領導顧問公司（Cambridge Leadership

Associates）執業，他們認為「決定你是否能成功的人，常常是在中間層級的那些人。」這些員工並不反對你的提案本身，但「現狀的舒適、穩定和安全，確實和他們有利害關係，」海菲茲和林斯基寫道：「他們看到推動變革的人員來來去去，也知道你的提案會擾亂他們的生活，讓他們的未來陷入不確定。你應確定這種普遍的不安感，不會演變成把你推下台的行動。」若要號召這些人加入你，你必須真誠地肯定他們的成就，以及變革為他們帶來的損失與犧牲。

你應協助他們了解，順應變革對他們個人有哪些好處。你也應表明，只有能順應並願意順應的人，在你的團隊中才有未來。

## 克服阻力

即使你採取上述所有步驟，爭取對你願景的支持，團隊成員可能仍有一些合理的保留態度。如果你要求他們做一些新的事情，他們可能擔心會有失敗的風險，或是擔心自己的地位會從師父變為學徒。也許，你要求他們拋掉令他們安心的假設，也就是假設自己為公司提供某種價值，而且自己做的工作穩定且繁榮。也許變革顛覆了既有的權力平衡，使得一些技能組與經驗成為新顯學，並使其他技能組與經驗減少價值。

這些反應很難處理，但你的領導力可以克服員工的不滿。你可以嘗試以下兩種做法：

## 調節衝突

正面對抗會造成阻力的恐懼與懷疑，雖然這種對抗很重要，但你無法承受每次都讓衝突惡化到必須採取行動化解危機的地步。有時，公開的衝突有助於解決歧見，並以建設性的方式來引導員工的熱情。另外有些時候，公開衝突只會對團體士氣造成太大負擔。

爲了達到微妙的平衡，海菲茲和林斯基建議使用兩種技巧：「首先，設置一個安全處所，讓衝突不受限制地呈現」，也許是在公司外進行度假會議，由一位外部人士主持；或是在公司內討論，秉持一套尊重人、公開坦誠對話的特殊規則。要把這些談話，與你們針對實際執行變革的討論區隔開來。這表示要在不同時間另外舉行會議，並採用不同的議程。「其次，要控制（衝突的）溫度」，做法是在你認爲員工可建設性解決棘手問題時，推動他們去解決那個問題，並在團隊的士氣變弱時，避免意見分歧或放慢變革的步調。

## 委派別人解決問題

如果每個人都來找你尋求解答，你可能會覺得自己必須提供所有答案。但你的員工也應該爲這項變革負責，必須讓他們覺得自己在新的制度裡也能勝任。這意味著「強迫你自己把……大部分工作和解決問題事宜，轉交給別人處理，」海菲茲和林斯基說。若是授權要有個時機，那就是現在了。鼓勵團隊成員針對出現的具體問題或挑戰，進行討論、協作和創意思考。

## 建立準備接受變革的文化

在接受變革是常態的組織裡，比較容易領導推動變革。如果你們公司有高效能、受尊重的領導人，不滿現狀並習慣協作，你們就是願意接受變革的組織。如果要培養這種環境，哈佛商學院教授麥可．比爾（Michael Beer）建議採用四種做法來挑戰自滿心態：

### 讓員工知道組織的競爭情況

你的員工可能不關心生產力、顧客服務或成本，只因爲他們根本不知道哪裡出了問題。讓員工知道促成你作出決策的資料，並解釋這對公司長、短期的意義。

### 徵求有關員工不滿與問題的意見

你可能不了解公司的弱點或新出現的威脅，而第一線員工透過日常經驗卻能了解這些事情。如果確實如此，你就不可能是受信賴的變革推動者。若要更加了解員工如何看待公司業務，可詢問他們的看法，然後把這些資訊呈報給指揮鏈更上層的主管。開啓第一線員工和長字輩主管之間的溝通，你就能讓團隊用更批判的態度來思考，組織可以如何改變，並讓他們參與制定新策略。鼓勵你的員工坦白說出觀察到的挑戰，並提出可能解決手邊問題的構想與方案。

## 展開有關資料的對話

單向的資訊共享很重要，但員工和管理階層必須對公司的問題有共同了解，才會有眞正的協同一致。進行談話，讓每個小組都能提出問題和構想，把各種不同的觀點融合形成一段前後一致的說法。

## 設定高標準，並期待員工達成

陳述高標準的這個行爲本身，就是讓大家不滿意目前的績效水準。爲你的團隊設定雖困難但可實現的「延伸性目標」，並由管理高層提供實質的資源來支持。必須要讓員工相信，自己能精通你設定他們應擁有的新技能與新任務，而且你致力協助他們成功。

變革管理是現今商業世界的重要技能，制定策略的行動計畫、組織重整和大膽的目標，逐漸成爲常態。如果你成功帶領團隊完成變革，包括任何層次的變革，你都會提高團隊生產力，並爲你的組織帶來新的效益。

## 讓員工的工作有意義

身爲經理人，你在日常活動中愈採取策略心態，就會在自己的職涯和團隊中看到愈多好處。強調團隊成員貢獻的策略性價值，並請他們參與有關公司未來的廣泛對話，就可以讓他們的工作更有意義。

## 重點提示

- 你可能不必制定策略，但若從妥善管理公司資源的角度來看，策略性思考已是你職責的一部分。
- 你承擔更多責任之後，會逐漸改變角色成爲策略人員。但很少公司明確訓練經理人做這類工作，因此就算是經驗豐富的經理人，也可以從檢視策略工作當中受益。
- 策略的目標，是培養並強化企業的競爭優勢。優勢的基礎在於與衆不同，也就是只有你們公司能提供的獨特價值。
- 若要創造差異，你們公司可採用三種不同的方式：以需求爲基礎、以產品種類爲基礎，或是以接觸方式爲基礎的策略定位。
- 你可以從這三種觀點來分析你公司的業務，以評估公司的策略地位。

## 行動項目

- ❑ 首先要和顧客、供應商和產業專家進行非正式討論，了解他們如何看待你們這個產業，以及你有哪些機會可和他們進一步合作。
- ❑ 檢視過去五年來，你的組織推出的重大行動方案或專案。它們的成敗，透露什麼有關公司能力的事？
- ❑ 規畫你的責任範圍以內和周邊的主要職能和流程。用麥可．波特的話來說，這是一個「由許多活動組成的系統」，還是「匯整許多部分的集合體」？你如何重組這些流程，以便爲你公司的策略提供更好的支持？
- ❑ 在你的時程表中安排半小時，爲你事業單位的新專案，草擬一份簡短的願景摘要，並練習傳達那個願景。試著向一位導師、同事或值得信任的員工演練如何傳達。
- ❑ 下回員工來向你抱怨有爭議的委派任務時，你應扮演教練的角色。不要急著告訴他解決方案，或是爲他打氣鼓勵，而應問他：「你在這個任務中的優先要務是什麼？你看出可能採取的行動路徑嗎？」
- ❑ 把你們公司的競爭狀況，排入你們下次團隊會議的議程。邀請你的上司或另一位高層主管出席說明最新競爭狀況，並回答團隊的問題。

# 策略思想流派導覽

在《哈佛商業評論》登出的這篇文章中，編輯安卓亞·歐文斯（Andrea Ovans）列出以下幾方面的演變：策略思維及各思維的最著名思想家、風行最久的想法、最有影響力的文章與書籍。

如果你閱讀彼得·杜拉克（Peter F. Drucker）在1950年代末和1960年代初對競爭的看法，他其實只談到一件事：價格競爭。他並不孤單；價格競爭顯然是當時大多數經濟學家對競爭的看法。

1979年，麥可·波特在他影響深遠的文章〈競爭作用力如何形塑策略〉（How Competitive Forces Shape Strategy）中，提出另外四種競爭力，這麼做就是在質疑前述那個已廣爲接受的觀點。「價格競爭不可能涵蓋全部的競爭，」他被問到競爭五力架構的起源時，向《哈佛商業評論》英文版一位編輯這樣解釋。

因此，他在提出許多理論和實證的論據之後，提出衆所矚目的主張。他認爲，除了同產業的對手之間會出現激烈的價格競爭，產業的競爭程度（也就是業者可自由設定價格的程度），取決於買方和供應商談判價格的力量，以及替代產品和新進公司的威脅程度。這些作用力薄弱時，像是在電腦軟體和軟性飲料業，許多公司都能獲利。這些作用力強大時，像是在航空公司和旅館業，幾乎沒有公司獲得可觀的投資報酬。對波特來說，策略就是找出公司的最佳定位，不僅要考慮來自競爭對手的定價壓力，還要考慮競爭環境中的所有作用力。

對許多人來說，這似乎就是策略的定論。但並不完全是如此。

在提出原創的競爭五力而嶄露頭角的 17 年後，波特發表〈策略是什麼？〉（What Is Strategy?）一文，駁斥一大堆在那 17 年間流傳的其他新舊觀點。他特別針對下列的觀點提出異議，這些觀點指出策略是：

- 在一個產業中，尋求單一、理想的競爭定位（就像他在撰寫那篇文章時，那些網路新公司明顯在做的事）
- 標竿比較和採用最佳實務（含蓄地意指《追求卓越》［*In Search of Excellence*］一書）
- 積極外包和合夥，以改善效率（可能是指波士頓顧問公司［Boston Consulting Group］創辦人布魯斯．韓德森［Bruce Henderson］1989 年出版的《策略起源》［*The Origin of Strategy*］）
- 聚焦在少數幾個關鍵成功因素、重要資源和核心能力（可能是指普哈拉［C.K.Prahalad］和蓋瑞·哈默爾［Gary Hamel］在1990年的文章〈企業核心能力〉［*The Core Competence of the Corporation*］）

- 快速因應不斷演變的競爭變化和市場變化（可能是指莉塔·麥奎斯［Rita McGrath］和伊安·麥克米蘭［Ian MacMillan］1995年談論創新策略的文章〈發現導向的規畫〉［*Discovery-Driven Planning*］）

在波特看來，從根本來說，所有策略都歸結爲兩個很廣泛的選擇：做大家都在做的事（但花較少錢去做），或是做別人都做不到的事。儘管其中任一種都能成功，但對他來說，這兩種方法在經濟上（或可說是在道德上）並不相等。他說，藉著做大家都在做的事來競爭，就是在價格上競爭（也就是說，學會比競爭對手更有效率）。但這麼做只會把餅縮小，因爲在大家拚命殺價時，整個產業的獲利能力下降了。

另一種做法是把餅做大，做法是根據一個獨特的優勢，取得某個可永續維持的地位，而要創造這種優勢，你憑藉的是一組聰明的、最好是複雜的、互相依存的活動（有些思想家稱它爲價值鏈或商業模式）。這個選擇在航空業中很容易見到，就像波特說的，大多數航空公司「競相成爲最佳公司」，爭奪一個很小的餅；然而，西南航空是少數別出心裁的航空公司之一，採用截然不同的做法，建立獲利更高得多的生意，它針對不同的顧客（例如，若不搭飛機可能就會自行開車的人），執行一套高效率且互相依存的活動，因而擴大了整個市場。

無論以哪一種標準來評量，〈策略是什麼？〉都是傑作，所有策略師員都應該研讀。但它絕對不是定論。也許我們可以用一個有用的方式，把其後大量的策略想法作分類，分別聚焦在：

- 做某件新的事情
- 在你們已經做得很好的事情上精益求精
- 抓住機會，對各種新出現的可能性作出反應

在「做某件新的事情」的陣營中，有金偉燦（W. Chan Kim）和芮妮・莫伯尼（Renée Mauborgne）有關找到或創造無人競爭新市場的著作，他們在 1999 年的〈創造新市場空間〉（Creating New Market Space）一文中首次提出，並進一步充實完備，在 2004 年撰寫現已成爲經典的〈藍海策略〉（Blue Ocean Strategy）；還有艾文・羅斯（Alvin Roth）在 2007 年影響深遠的文章〈讓失靈市場靈活運轉〉（The Art of Designing Markets），

以及馬克．強森（Mark Johnson）、克雷頓．克里斯汀生、孔翰寧（Henning Kagermann）的〈商業模式再創新〉（Reinventing Your Business Model）。同樣屬於這個領域的，還包括基於重新思考你們公司或所屬產業價值鏈的轉型策略。這方面不僅包括波特的大部分著作，還包括伊安．麥克米蘭和莉塔．麥奎斯的〈發現差異化的新重點〉（Discovering New Points of Differentiation）。

「在你們已經做得很好的事上精益求精」這個陣營中，包括管理顧問公司貝恩（Bain）的顧問克利斯．祖克（Chris Zook）的〈發現下一桶金〉（Finding Your Next Core Business）、祖克和同事詹姆斯．艾倫（James Allen）的〈在核心能力之外成長〉（Growth Outside the Core，這篇文章主題是跨足相鄰市場），以及大衛．柯里斯（David Collis）、辛西亞．蒙哥馬利（Cynthia Montgomery）的經典著作〈優勢資源戰〉（Competing on Resources）。在這個類別中，還有許多有關如何因應競爭的文章，包括喬治．史托克（George Stalk）、羅伯．拉契諾（Rob Lachenauer）的〈快速球：擊潰競爭對手的五大殺手級策略〉（Hardball: Five Killer Strategies for Trouncing the Competition），以及搭配這篇文章的〈欺敵競爭策略〉（Curveball: Strategies to Fool the

Competition）。這個陣營中，同樣也有如何保護自己免遭破壞者攻擊的文章，像是李察·達凡尼（Richard D'Aveni）的〈帝國大反擊：產業領導業者的反革命策略〉（The Empire Strikes Back: Counterrevolutionary Strategies for Industry Leaders），以及〈誰怕破壞者！〉（Surviving Disruption），在這篇文章中，麥克斯威爾·威塞爾（Maxwell Wessel）和克雷頓·克里斯汀生詳細說明一種系統性方法，用來判斷是否太早就把業務拱手讓給破壞者。

人們很容易認為，第三陣營的「抓住機會，對各種新出現的可能性作出反應」，是策略領域的最新思維。但其實，麥奎斯和麥克米蘭有關發現導向的規畫的著作，是在二十年前首次提出的；而這個陣營包括其他有關「彈性即策略」的經典著作，這些文章可追溯到1990年代，包括提摩西·魯曼（Timothy Luehrman）的〈實物選擇權投資組合策略〉（Strategy as a Portfolio of Real Options）、大衛·尤飛（David Yoffie）與麥可·庫蘇馬諾（Michael Cusumano）的〈柔道策略〉（Judo Strategy）。另外還有麥可·曼金斯（Michael Mankins）與李察·史提爾（Richard Steele）較近的〈停止訂計畫；開始下決定〉（Stop Making Plans; Start Making

Decisions），文中提出理由說明，爲何應採取持續的策略規畫週期。最後，這個類別包含幾種不同做法，把地位穩固的既有公司當成新創公司來經營，例如史蒂芬·布蘭克（Steve Blank）的〈精實創業改變全世界〉（Why the Lean Start-Up Changes Everything）。

看看這三大陣營中有如此豐富的想法，因此很難讓人同意，策略全都歸結爲在下列兩者之間，做出令人氣餒的選擇：「生產無人能模仿的驚人原創產品」和「與對手拚個你死我活以爭逐大餅」。有鑑於這些著作的多元化與複雜性，不是顯示可怕競爭激烈的危險領域，而是廣闊的商機；面對快速變化的技術、全球化，以及擋不住的加速變革步調，仍有無數聰明的賺錢新方式，來擊敗競爭對手，推動亞當·史密斯（Adam Smith）所謂看不見的手，成爲很有生產力且獲利的企業。

資料來源：改寫自安卓亞·歐文斯的〈策略到底是什麼？〉（What Is Strategy, Again?），HBR.org，2015 年 5 月 12 日。

# Management

M

具備基本的財務概念，

了解三個重要的財務報表，

能幫你衡量組織整體健康，

協助你做出關鍵決定。

可以說，財務的素養，

會提高你對公司業務的了解，

並讓你更能為團隊的需求爭取支持。

第 16 章

# 掌握
# 財務工具

H B R

Mastering Financial Tools

你可能聽說過一句古老格言：「你無法管理你沒有衡量的東西。」財務工具協助你衡量各種績效，包括：產品線、投資、職能團隊或組織體質狀況等的表現。這些工具包括常用的財務報表、預算編列流程，以及其他診斷性質的架構。若是用這些工具來評估你職權範圍內的業務，你就能在提出新構想或預算時，對財務部的同事和你的上級發揮較大的力量。

身爲經理人，你不必是財務專家。但你若是懂得財務基本知識，就像你若是懂得策略性思維，就可以改善你目前的績效，也有助於你的升遷機會。財務知識進一步支持你，讓你更能了解公司整體定位和策略，以及你的角色如何與整體大局相契合。對財務的了解，有助於你做出更好的決策，包括在你的部門內如何分配資源，以及如何爲整個組織做出最佳貢獻。最後，如果你能把自己的管理目標與戰略，用財務語言向上司說明，就能展現你是精明的系統思考者，了解整個公司的運作方式。

如果你害怕自己的財務知識不是很強，不要擔心，你並不孤單。倫敦商學院（London Business School）院長、曾經擔任英國財政部執行董事（managing director）的安德魯．李基爾曼（Andrew Likierman）寫道：「依我的經驗，大多數資深高階主管覺得（衡量財務績效）是繁重的任務，甚至還有威脅性。」他解釋說，由於高階主管對自己的財務知識沒有自信，於是把這項重要任務交給「可能不是天生擅長判斷績效、但嫻熟運用試算表的人。不可避免的結果，就是產出大量的數字和比較，但幾乎沒有提供有關公司績效的深入見解，甚至可能導致有害績效的決策。」你若是通曉財務知識，就可以結合財務數字和你的商業見解，形成對公司的行動、績效和機會的有力觀點。

本章中，你首先會學到分析財務績效的總原則，接著，我們會介紹三種最重要的財務報表，以及它們和你從事的非財務經理人工作有何關係。最後，你會學到編列預算的流程。

## 財務績效的基本原則

財務知識眞正需要的，不僅是懂得數字和財務文件。你還必須了解一些基本原則，才能知道那些財務數字可以告訴你多少資訊，以及它們的局限。

### 原則 1：檢視背景環境

你要衡量的，不僅是公司或團隊此刻的績效。例如，知道你部門的毛利率 30%，是有用的。但如果你還知道去年的毛利率是 35%，同儕的毛利率是 28%，或是你們產業的平均毛利率是 45%，這個數字就更有意義了。

### 原則 2：向前看，向後看

當你作出重要的財務決策，例如重大的資本投資，不僅要考慮以前的績效讓你得以做多少投資，還要考慮未來可獲得多少報酬。除了分析以前的績效，還要分析前瞻性資料，像是經濟預測或顧客行為預測。

## 原則3：質疑你的資料

儘管你的業務要仰賴數學，但數字很容易讓你走錯方向。的確有許多經理人驚訝地發現，財務不僅是科學，也是一種藝術。你的資訊來源通常是人（例如從供應商那裡收集報價的公司採購專員），他們自身的偏誤，可能會扭曲資料或資料的呈現方式。如果對某個計算結果牽涉到他們的個人利益，他們可能會高估或低估數字，甚至是不自覺地這麼做。

有些事物就是無法用財務工具好好衡量。你可以嘗試把團隊從外地度假會議或提升士氣計畫中獲得的好處，賦予一個金額的價值，但如果那個數字看起來像是你隨手拈來的，公司裡其他人可能也會覺得你的「計算」很可疑。「好好想想這一點，」李基爾曼敦促，「究竟要如何證明你推測的（你的數字背後的）因果關係是合理的？」如果連你也不清楚這個問題的答案，李基爾曼敦促使用比較質性的（qualitative）衡量方式。

使用下一節說明的財務文件，來衡量公司或團隊的財務績效時，記住這些原則。

## 了解財務報表

要了解公司如何運作、能否繼續運作，請考慮以下四個問題：

- 公司擁有什麼，欠別人什麼？
- 公司營收來源爲何？如何花錢？
- 公司獲利多少？
- 公司財務體質如何？

你可以在三個主要的財務報表中，找到這些問題的答案：資產負債表（balance sheet）、現金流量表（cash flow statement）、損益表（income statement）。這些報表是每一家企業的必要文件，高階主管用它們來評估績效，並決定在哪些領域採取行動；股東檢視報表，以監督資金是否受到妥善管理；外部投資人深入分析這些報表，以找出投資機會；債權人與供應商仔細查看，以決定往來企業的信用度。

每位經理人不論在組織中擔任何種職位，都應該確實懂得這些基本的財務報表。各家公司的這三種報表，都依照相同的通用格式編製，只是具體的項目可能因業務而異。如果可以，取得一份公司最新的財務報表，以便和本文討論的樣本進行比較。如果上司不願讓你看財務報告，告訴他，你有興趣擴展對公司財務的了解，然後看看他是否考慮和你一起檢視報表。

## 資產負債表

企業編製資產負債表，以總結在某個時間點的財務狀況，通常是在月末、季末、會計年度結束時。資產負債表顯示企業擁有的（資產）、積欠的（負債），以及帳面價值或淨值（也稱爲業主權益或股東權益）。身爲經理人，資產負債表可幫你了解公司的營運效率。

「資產」包括公司營運時能使用的所有實體資源。這個類別包括：現金與財務工具（如股票與債券）、原物料和製成品的存貨、土地、建築物和設備，以及公司的應收帳款（accounts receivable），也就是顧客購買商品或服務尙未支付的款項。

「負債」是對供應商或其他債權人的債務。如果公司向銀行借錢，就是負債。如果公司購買價值一百萬美元的零件，而在編製資產負債表當日尙未支付這筆貨款，這一百萬美元便是負債。其中積欠供應商的款項，稱爲應付帳款（accounts payable）。

業主權益是總資產扣除總負債的餘額。如果一家公司有三百萬美元的總資產，以及兩百萬美元的負債，就擁有一百萬美元的業主權益。這個定義產生所謂的基本會計恆等式（fundamental accounting equation）：

資產－負債＝業主權益

或

資產＝負債＋業主權益

在資產負債表上，資產列在分類帳的一側，負債和業主權益列在另一側。這兩側必須永遠保持平衡，因此英文原文稱資產負債表爲平衡表（balance sheet），本章會用一家虛構的融合帽架公司（Amalgamated Hat Rack）爲例，檢視它的財務狀況。資產負債表不僅說明企業對資產的投資額，還包括它擁有的資產類型，有多少比率來自債權人（負債），多少比率來自業主（權益）。

分析資產負債表，可讓你大致了解公司在運用資產及管理負債方面的效率。比較前一年或前幾年的相同資訊，這個資料最能發揮效用。融合帽架公司的資產負債表（圖16-1）顯示，2017 年 12 月 31 日和 2018 年 12 月 31 日的資產、負債和業主權益。比較這些數字，你會發現融合帽架公司朝著正向發展：它的業主權益增加 397,500 美元。

### 資產負債表的要素

現在，我們來仔細檢視資產負債表的每一部分。

**資產**。首先列出的是流動資產（current assets）：庫存現金與有價證券（marketable securities）、應收帳款和存貨。一般來說，流動資產可在一年內轉換爲現金。接下

## 表 16-1：融合帽架公司資產負債表

（截至 2018 年 12 月 31 日和 2017 年 12 月 31 日）（單位：美元）

| | 2018 | 2017 | 增加（減少） |
|---|---|---|---|
| **資產** | | | |
| 現金和有價證券 | $ 652,500 | 486,500 | 166,000 |
| 應收帳款 | 555,000 | 512,000 | 43,000 |
| 存貨 | 835,000 | 755,000 | 80,000 |
| 預付費用 | 123,000 | 98,000 | 25,000 |
| 流動資產合計 | 2,165,500 | 1,851,500 | 344,000 |
| 不動產、廠房和設備總值 | 2,100,000 | 1,900,000 | 200,000 |
| 減：累計折舊 | 333,000 | 290,500 | (42,500) |
| 固定資產淨額 | 1,767,000 | 1,609,500 | 157,500 |
| 總資產 | $ 3,932,500 | 3,461,000 | 471,500 |
| **負債及業主權益** | | | |
| 應付帳款 | $ 450,000 | 430,000 | 20,000 |
| 應計費用 | 98,000 | 77,000 | 21,000 |
| 應付所得稅 | 17,000 | 9,000 | 8,000 |
| 短期負債 | 435,000 | 500,000 | (65,000) |
| 流動負債合計 | 1,000,000 | 1,016,000 | (16,000) |
| 長期負債 | 750,000 | 660,000 | 90,000 |
| 總負債 | 1,750,000 | 1,676,000 | 74,000 |
| 實收資本 | 900,000 | 850,000 | 50,000 |
| 保留盈餘 | 1,282,500 | 935,000 | 347,500 |
| 總業主權益 | 2,182,500 | 1,785,000 | 397,500 |
| 總負債與業主權益合計 | $ 3,932,500 | $ 3,461,000 | $ 471,500 |

資料來源：改寫自《哈佛商業評論》，20 分鐘經理人系列的《財務基本功》（Finance Basics, 20-Minute Manager Series），波士頓：哈佛商業評論出版社，2014 年

來是固定資產，較難轉換爲現金。固定資產中最大的類別，通常是不動產、廠房和設備；這也是有些公司唯一的固定資產類別。

土地以外的固定資產不會永遠存在，因此企業必須在資產的預估使用年限內，攤提部分成本，做爲營收的減項，稱爲折舊（depreciation），而資產負債表會顯示公司所有固定資產的累計折舊（accumulated depreciation）。不動產、廠房、設備毛額，扣除累計折舊後，就等於不動產、廠房和設備的現存帳面價值。

併購會增加一個資產類別。如果一家企業購買另一家公司的價格，高於該公司資產的公平市價（fair market value），這種價差稱爲商譽（goodwill），必須認列。這是一個虛擬的會計科目，但商譽往往包括有實際價值的無形資產，像是品牌名稱、智慧財產，或是被收購公司的聲譽。

**負債和業主權益**。現在，我們來看看和公司資產相反的那一面。流動負債（current liabilities）這個類別，表示積欠債權人和其他人的錢，通常必須在一年內償還。這個類別包括：短期借款、應計薪資、應計所得稅、應付帳款，以及當年度應償還的長期貸款。長期負債（long-term liabilities）通常是債券或抵押貸款，也就是企業簽約必須在一年以上期間償還的債務。

就像前面提到的，總資產扣除總負債就是業主權益。業主權益包括保留盈餘（retained earnings，是指每期淨利扣除支付給股東的股利後，持續累積在資產負債表中的金額）和實收資本（contributed capital 或 paid-in capital，是企業以股份換取的資金）。

實際上，資產負債表顯示企業的資產來自何處：是借貸而來的金錢（負債），或是業主自有資金，還是兩者都有。

**歷史成本**。除了現金、應收帳款和應付帳款等項目，資產負債表中的其他數字，可能和實際市場價值不一致。這是因爲會計師以歷史成本（historical cost）認列大部分項目。舉例來說，如果一家公司的資產負債表上，記錄一筆土地價值七十萬美元，就表示該公司多年前購買那筆土地時支付這個金額。如果是 1960 年代在舊金山市區購買的，這筆土地現在的價值可能超過資產負債表上記載的金額。那麼，爲何會計師使用歷史價值，而不是市場價值？答案很簡單，兩害相權取其輕。如果採用市場價值，每家上市公司都需要對所有不動產、倉庫存貨等進行專業鑑價，而且每年都必須這樣做，這會是後勤部門的噩夢。

## 資產負債表和你的關係

雖然資產負債表由會計師編製，但它爲非財務經理人提供重要資訊。你可以用以下幾種方式來使用資產負債表，查看公司營運效率如何。

**營運資金**。流動資產扣除流動負債，就是企業的淨營運資金（net working capital），也就是企業目前營運使用的資金。從融合帽架公司最近的資產負債表可快速算出，2016 年底的淨營運資金是 1,165,500 美元。

財務經理高度關注營運資金水準，它通常會隨銷售額的水準而擴大或緊縮。營運資金太少，會使公司處於困境：可能無法支付帳單或掌握有利商機。但太多營運資金會降低獲利能力，因爲企業必定是以某種方式取得那些資金，通常是來自附息貸款（interest-bearing loans）。

存貨（inventory）是營運資金的一個組成要素，會直接影響許多非財務經理人。大體上就像營運資金一樣，存貨太多或太少都不宜。一方面，大量存貨可解決業務問題。公司可立即滿足顧客訂單，不會延遲；而且，存貨提供緩衝，防止可能發生的停產，或是原物料與零件供應中斷的情況。另一方面，每件存貨都必須用到資金，而且，存貨放在貨架上時，它的市場價值可能會下降。

**財務槓桿**。使用借來的資金購買資產，稱爲財務槓桿（financial leverage）。如果某公司資產負債表中的債務比率，高於業主投入的資金，我們會說，該公司是高財務槓桿。相較之下，營運槓桿（operational leverage）是指公司營業成本是固定而非可變動的程度，例如，一家製造公司大量投資在機器設備上，而只用很少工人來生產商品，那麼就是高營運槓桿。

財務槓桿可提升投資報酬率，但也增加風險。假設你支付四十萬美元購買一項資產，其中十萬美元是自有資金，三十萬美元是借貸來的。（為簡化起見，我們忽略貸款償還、稅金，以及你可能從這項投資中獲得的任何現金流入。）四年過去，你的資產已增值為五十萬美元，現在，你決定出售。在償還三十萬美元的貸款之後，你的口袋裡還有二十萬美元，也就是你原來的十萬美元，加上十萬美元的獲利。即使資產價值只增加 24%，但你的個人資金獲利 100%。財務槓桿使讓你可以做到這一點。如果你當初完全使用自有資金購買，最終報酬率只有 25%。在美國和大多數其他國家，賦稅政策使財務槓桿更具吸引力，因為允許企業把貸款利息，作為可扣除的營業費用。

但槓桿可能是雙面刃。如果資產價值下跌，或是未能達到預期的營收水準，槓桿會對資產的擁有者不利。如果前述例子中資產價值下跌十萬美元（變成三十萬美元），情況會如何？資產擁有者仍需償還當初的三十萬美元貸款，其餘就絲毫不剩了。十萬美元的投資會全部化為烏有。

**公司的財務結構**。財務槓桿可能造成的負面結果，使執行長、財務主管和董事會成員，不敢充分運用公司的債務融資能力。相反地，他們尋求適當的財務結構，讓資產負債表上的債務與股權，保持務實的平衡。如果一切順利，槓桿作用可提高公司的潛在獲利能力，但經理人明白，借來的每一塊錢都會增加風險，這是由於剛剛提到的危險，也因為高負債帶來高利息成本，而無論時機好壞，都必須支付利息。許多公司就是因爲業務反轉或衰退，準時還款的能力降低而倒閉。

因此，當債權人與投資人檢視企業的資產負債表，會仔細查看負債權益比率（debt-to-equity ratio）。他們在決定放款利率和要求公司債的利息時，會考量到資產負債表的風險。例如，高財務槓桿的公司需要支付的利率，可能是低財務槓桿的競爭對手的二或三倍。投資人在投資高財務槓桿公司的股票時，也會要求較高的投資報酬率。若要他們接受高風險，就一定會要求相對高的報酬。

## 現金流量表

現金流量表是三個基本報表中，大家最少用、最不了解的。它以廣泛的類別，顯示公司在某段時間內如何取得和花費現金。對經理人來說，公司現金流量的狀態，可能會影響預算的編列，所以，應該要了解公司的現金是緊俏或充足。

可想而知，在現金流量表中支出顯示是負值，收入來源是正值。每一類別的最後一列，只是表示現金流入和流出的總淨額，可以是正值或負值（見表 16-2：「融合帽架公司的現金流量表」）。

現金流量表有三個主要類別。經營活動（operating activities 或 operations），是指公司日常營運活動產生或使用的現金，包括不明確屬於其他兩類的所有現金。投資活

## 表 16-2：融合帽架公司現金流量表

**（截至 2018 年 12 月 31 日的年度）** （單位：美元）

|  |  |
|---|---|
| **淨利** | $ 347,500 |
| **經營活動** | |
| 應收帳款 | (43,000) |
| 存貨 | (80,000) |
| 預付費用 | (25,000) |
| 應付帳款 | 20,000 |
| 應計費用 | 21,000 |
| 應付所得稅 | 8,000 |
| 折舊費用 | 42,500 |
| 營運資產與負債的變動 | (56,500) |
| 經營活動產生的現金流量 | 291,000 |
| **投資活動** | |
| 出售不動產、廠房和設備 | 267,000* |
| 資本支出 | (467,000) |
| 投資活動產生的現金流量 | (200,000) |
| **融資活動** | |
| 短期負債減少 | (65,000) |
| 長期借款 | 90,000 |
| 股本 | 50,000 |
| 支付給股東的現金股利 | — |
| 籌資活動產生的現金流量 | 75,000 |
| 本年度增加的現金 | $ 166,000 |

* 假設出售價格為帳面價值，而且該公司還未對這項資產提列任何折舊。

資料來源：改寫自《哈佛商業評論》，20 分鐘經理人系列的《財務基本功》，波士頓：哈佛商業評論出版社，2014 年

動（investing activities）包括購置資本設備和其他投資的現金（流出），以及出售投資項目獲得的現金（流入）。融資活動（financing activities）是指用於降低負債、買回股票，或是支付股息的現金（流出），以及借款或出售股票獲得的現金（流入）。

再以融合帽架公司為例，我們看到，該公司 2018 年獲得正現金流量（現金增加）166,000 美元。這是下列三項活動產生的現金流量的總和：經營活動（流入 291,000 美元）、投資活動（流出 200,000 美元）和融資活動（流入 75,000 美元）。

現金流量表顯示下列兩者的關係：損益表的淨利，以及公司銀行帳戶中現金的實際變動。在會計語言中，損益表透過對淨利的一系列調整，以進行獲利和現金的「調節」（reconcile）。其中一些調整很簡單，例如，折舊是不涉及現金支出的費用，因此，如果你在意的是現金變動，就必須把折舊金額加回淨利中。其他的調整較難理解，儘管計算過程並不困難。如果公司的應收帳款，在 2018 年底比 2017 年底低；它從經營活動中獲得「額外」的現金，所以我們也會把這個金額加到淨利中。

現金流量表很有用，因為它顯示公司是否成功把獲利轉換為現金，而這種能力最終會決定公司是否具有「償債能力」，也就是在債務到期時是否有能力償還。

### 現金流量表和你的關係

如果你是大企業的經理人，公司現金流量的變動，通常不會影響你的日常工作。但在領導人的支持下，如果你能知道公司最新的現金狀況，是件好事，因為現金狀況可能影響你下一年度的預算。現金緊俏時，你在規畫時可能要保守。現金充裕時，你可能有機會提出較高預算。請注意，公司可能獲利情況良好但仍缺乏現金，原因是進行許多新投資，或是無法收回應收帳款。

你可能會對某些現金流量表項目有某種程度的影響力。你是否負責存貨？那你要記住，每項存貨的增加都需要現金支出。你在銷售部門嗎？任何銷售在收到貨款之前，都不算眞正的銷售額，所以要注意你的應收帳款。

## 損益表

三大財務報表中，損益表對經理人的工作影響最大。這是因為大多數經理人都以某種方式負責其中一個或多個要素：創造營收、管理盈虧，或是管理支出預算。

損益表和資產負債表不同，資產負債表是企業在某個時間點的狀況簡介，損益表則顯示在特定期間內（如一季或一年）的累計營運成果。它可以告訴你公司是獲利或虧損，也就是說，公司的淨利是正或負值（淨盈餘），以及淨利的金額。因此損益表通常被稱為「獲利虧損表」

（profit-and-loss statement 或 P&L）。損益表還會告訴你，公司在報表涵蓋期間的營收與支出。知道營收與獲利，就可以算出公司的利潤率（profit margin）。

和資產負債表一樣，我們也可以用一個簡單的恆等式，來表示損益表的內容：

營收－費用＝淨利

損益表的第一行，是公司的銷貨收入（sale）或收入（revenue，或稱營收），主要是銷售給顧客的商品或服務的價值，但你也可能有其他來源的收入。請注意，大多數情況下，收入並不等於現金。採用權責發生制（accrual method，或稱應計制）來認列收入的公司，尤其大多數大型公司採取這種做法，如果公司在 2018 年 12 月運交價值一百萬美元的商品給顧客，並在該月底前寄送帳單，那麼，這一百萬美元的銷貨，會認列為 2018 年的收入，即使顧客尚未付款。

然後，從收入中扣除各種費用，包括：製造和儲存商品的成本、管理成本、廠房與設備的折舊、利息費用和稅金。扣除之後剩餘的金額，也就是報表的最後一行（bottom line），是損益表涵蓋期間的淨收入（net income），或稱淨利（net profit）、淨盈餘（net earnings）。

我們逐行來檢視表 16-3 融合帽架公司的損益表。

## 表 16-3：融合帽架公司損益表

（單位：美元）

| | 截至 2018 年 12 月 31 日 |
|---|---|
| 零售銷售 | $ 2,200,000 |
| 企業銷售 | 1,000,000 |
| 銷貨收入合計 | 3,200,000 |
| 減：銷貨成本 | 1,600,000 |
| 毛利 | 1,600,000 |
| 減：營業費用 | 800,000 |
| 減：折舊費用 | 42,500 |
| 息前稅前盈餘 | 757,500 |
| 減：利息費用 | 110,000 |
| 稅前盈餘 | 647,500 |
| 減：所得稅 | 300,000 |
| 淨利 | $ 347,500 |

資料來源：改編自《哈佛商業評論》，20 分鐘經理人系列的《財務基本功》，波士頓：哈佛商業評論出版社，2014 年

銷貨成本（cost of goods sold 或 COGS）是製造帽架的直接成本，包括木材等原物料，以及把這些原物料轉化為成品所需的一切東西，例如人工。從收入中扣除銷貨成本，就得到融合帽架公司的毛利（gross profit），這是衡量企業財務績效的重要指標。2018 年，融合帽架的毛利是 160 萬美元。

成本的下一個主要類別，是營業費用（operating expenses），其中包括：行政人員薪資、辦公室租金、管銷費用，以及其他非直接與製造產品或提供服務有關的成本。

折舊在損益表中被認列為費用，即使它不涉及實際支付費用。如前所述，這是一種把資產成本分攤到資產預估使用年限的方式。

毛利扣除營業費用與折舊之後，就是公司的營業利益（operating earnings）或營業利潤（operating profit）。這通常也稱為息前稅前盈餘（earnings before interest and taxes, 簡稱 EBIT），就如融合帽架公司的損益表中呈現的方式。

損益表的最後一項費用，通常是稅金和任何到期貸款的利息。如果你在扣除所有費用之後得到一個淨利數字，跟融合帽架公司一樣，公司就是有獲利的。

和資產負債表一樣，比較數個年度的損益表，比檢視單一損益表可獲得更多資訊。你可看出趨勢、盈虧逆轉和反覆發生的問題。許多公司的年報，會顯示過去五年或更多年的資料。

## 損益表和你的關係

我們來看看損益表呈現的三種管理活動：

**創造收入**。從某方面來看，公司內幾乎每個人都要協助創造收入，但這是銷售和行銷部門的主要職責。如果你的收入成長速度超過競爭對手，可以合理假設銷售和行銷人員做得很好。

銷售和行銷部門的經理人了解損益表，是很重要的事，以便他們能在成本與收入之間取得平衡。例如，若是銷售代表給太多折扣，就會降低公司的毛利。如果行銷人員花太多錢爭取新顧客，就會降低營業利益。經理人的責任就是追蹤這些數字，並注意收入。

**管理損益**。許多經理人都必須擔負損益的責任，這表示他們必須爲損益表中的一整塊區域負責。如果你負責管理一個事業單位、一家分店、一座工廠或一家分公司，或是監督一條產品線，就可能是這種情況。你要負責的那部分損益表，與整個公司的損益表不完全相同。例如，除了年底的「分攤」成本之外，你不需要負責利息費用和其他經常性費用。即使如此，你的工作是管理營收的創造和成本，好讓你的單位或產品線，盡量貢獻最大的獲利給公司。因此，你還是要了解並追蹤營收、銷貨成本和營業費用。

**管理預算**。經營一個部門，意味著要在預算限制內做事。例如，如果你管理的是資訊單位或人力資源部門，可能對營收影響不大，但公司一定會期望你嚴格控管你的成本，而所有那些成本，都會影響損益表。幕僚單位的費用，通常會顯示在營業費用項目上。如果你投資任何資本設備（capital equipment），例如一套複雜的軟體，也會增加折舊項目。在下一節中，你將進一步了解，如何分析會影響預算的機會與限制。

## 預算編製

對經理人來說，編製預算的季節可能很有挑戰性。編排處理財務數字，常會引發壓力與衝突，往往需要投入大量時間在非常緊迫的時間表內。但良好的預算值得花這麼多時間和心力來編製。良好的預算可執行四項基本功能，每項功能對於公司成功達到策略目標都極爲重要。

首先，預算迫使你去規畫，包括設定目標、選擇行動路徑，並預測結果。在這個過程中，你也必須與公司的不同部門協調和溝通，調合你們集體的優先要務，形成單一的統合方案。一旦你的計畫啓動，就依靠這個方案來定期監測進度，把實際結果與預算中的預期結果做比較。最終，公司會使用這個資訊來評估績效，包括你的績效和其他經理人的績效。你也會用它來評估自己的部門。

根據你在組織中的職位，可能需要處理幾種不同類型的預算：

- **總預算**（master budget）匯總在某段期間內，組織內所有個別的財務計畫。這是預算編製流程的核心與精神，把組織的營運預算和財務預算，整合成一張完整的圖像。最高管理階層和財務高階主管負責制定這個預算。
- **營運預算**（operating budget）收集公司各個職能的預算，例如，研發、生產、行銷、分銷、顧客服務。這個預算以類似損益表的格式，明定未來一段時期的各項營收和成本。這是目標，不是預測，是最高管理階層和管理團隊其他成員之間達成的協議。
- **財務預算**（financial budget）是用來支持公司營運預算的資本計畫，通常包含三部分：一個現金預算案，規畫現金流入、流出的水準和時機；一項營運資產投資計畫，確保為存貨和應收帳款等資產，提供足夠的資本；一項資本投資計畫，為長期生產性資產，像是不動產、廠房和設備支出、擴大的研發計畫等的預定投資計畫，提供資金的預算。這個預算由公司的財務經理編製。

總預算的編製，和最高層的策略規畫息息相關。參與這個流程的高階經理人考慮這類問題：「我們正在考慮的戰術計畫，是否支持公司較大且較長期的策略目標？」「我們是否擁有、或能夠取得我們需要的現金，以支付接下來這個預算期間的所有這些活動？」「我們能否創造足夠的價值，以便在未來吸引到充足的資源，像是獲利、貸款、投資人等，以達成我們的長期目標？」如果你不屬於最高管理階層，就比較有可能參與營運層級的預算。

## 準備營運預算

總而言之，營運預算的結構如下：

收入－（銷貨成本＋銷售、管理及行政費用）＝營業利益

你可以分五步驟平衡這個等式。

### 第 1 步：計算你的預期收入（視情況而定）

編制預算時，你如果有責任要編列收入，就必須運用一些假設，來預測營收的成長（或下降）。如果你使用增量預算法（incremental-budgeting approach），就根據以前的績效，以及你預期的未來銷售額，來計算銷售額的預測數字。如果你使用零基預算法（zerobased budgeting approach），就是使用預測的經濟資料、預測的消費者行爲和其他資訊，爲每個產品或服務從頭開始預測銷售額。

設定預測的營收數字，可能會造成內部緊張情勢。如果評估和獎勵經理人時，是根據他們達成預算營收目標的情況，那麼他們可能會試圖提出容易達到的保守數字。這

種預算鬆弛（budgetary slack）情況，或稱預算填塞（budget padding），為經理人提供防範業績衰退或效率低下的保護。如果實際營收高於預算的營收（可能的結果），經理人看起來效能極高。你應詢問你的領導人對營收偏好採取保守或積極的看法，然後與他們協商，討論出一個可達成的合理營收預測，和他們進行談判，同時仍須推動你的團隊達成目標。準備好討論哪些驅動因素，會對你的營收預測產生正面或負面的影響。和其他人一起驗證這項預測數字背後的假設，可協助你調整改善數字，然後才敲定預算。

### 第 2 步：計算預期的銷貨成本

你應該還記得，銷貨成本是指製造產品或提供服務的直接成本。將製造的產品總單位數，是決定這些成本的基礎，包括勞動力和原物料。詢問最直接參與生產和銷售的團隊成員，以正確了解和記錄所有成本。

### 第 3 步：計算預期的其他成本

其他不涉及生產的成本，包括：研發、產品設計、行銷、分銷、顧客服務，以及行政管理。和其他部門合作，並讓他們知道你的計畫，對你成功掌握合理的成本預測是很重要的。你不會想要弄錯全年都可能會出現的成本，因為你仍需要對預算數字負責。

### 第 4 步：計算預期的營業利益

這是預期銷售額（第 1 步）和預期成本（第 2 步和第 3 步）之間的差額。這是你的部門在這個財務期間會產生的淨利（或虧損）目標。一旦敲定預算，你可能會受到仔細檢視，以確認你達成這個數字的能力。你應好好做功課，檢查你這件事做的是否夠正確。

### 第 5 步：開發替代方案

預算編製是反覆進行的流程，其中你不斷自問：「如果……會怎樣？」提出這類問題：「這個等式某個部分若是改變了，會如何影響預期的結果？如果我們增加廣告，對銷售會有什麼影響？」「我們現在面臨的主要風險有哪些？例如，勞動力短缺、生產受限，或是價格下跌？我們如何把那項風險納入預算中？」

## 善用財務工具的藝術

使用財務工具，在某種程度上是在做數值計算，在這個流程中，我們愈來愈依賴財務模型軟體和其他技術。但數字不一定像外表看起來的那樣客觀。它們由觀點顯著不同的眞實人物編製、收集和解讀。在這個過程中，對於未來可能會發生的情況，會有很大可能性出現相互衝突的需求、對立的假設和意見分歧的情況。

如果能了解這些工具如何運作，你會更明白數字的眞實涵義。財務的素養，會提高你對公司業務的了解，並讓你更有能力爲你團隊的需求和你的方案爭取支持。你的管理團隊和這些財務報表休戚相關；如果你能用對他們很重要的語言和結果，來呈現你的構想，你會在組織內獲得信譽和影響力。

## 重點提示

- 如果你用財務資料，來比較自己和競爭對手的績效，並和未來市場狀況作比較，這種做法讓財務資料最有意義。
- 數字並非絕對可靠。要質疑你的資料來源，還要嚴格審視你運用財務技巧來處理的那些問題。
- 資產負債表、損益表、現金流量表，提供對公司財務績效的三個觀點。它們針對你公司的財務表現，講述三個不同但相關的故事。
- 資產負債表顯示公司在某個時間點的財務狀況，簡要呈現出公司某一日的資產、負債和權益。
- 損益表顯示盈虧。它呈現企業在一段期間內（通常是一月、一季或一年）產生多少獲利或虧損。
- 現金流量表顯示公司現金來自哪裡，以及流向哪裡。它顯示的是，前後兩份資產負債表記錄的現金變化與淨利之間的關係。

- 身為經理人，你自己的預算編製活動，隸屬於公司的總預算、營運預算、財務預算之內。

## 行動項目

**財務報表：**

- ☐ 檢視組織和部門的資產負債表、現金流量表、損益表，以熟悉公司的財務狀況。
- ☐ 若有任何問題，就詢問你的主管；這是個好機會，向他們展示你正在學習更多有關組織的事，並能更了解他們的觀點。

**預算編製：**

- ☐ 為你的單位編製營運預算，做法是把預期營收，減去預期的銷貨成本和其他預期成本。

Management

M

打造提案說明書時，
你的構想、創意、財務敏銳度，
全都攤開來給每個人評斷。
你必須結合硬技能和軟技能，
還要讓同事充分參與、有效合作，
建立共同責任感，
才能在公司裡成功推銷新構想。

第 17 章

# 打造提案說明書

HBR

Developing a Business Case

你若想要成爲傑出的經理人，就不能維持現狀。你必須提出新構想，爲公司創造眞正的價值，也爲自己創造機會。也許你正在因應一個痛點（pain point），例如，破壞性新競爭對手崛起，或是顧客需求改變。或者，你正在追逐一個正向機會，像是稅負減免的可能性。無論動機如何，你都必須爲你的計畫擬定提案說明書（business case），以動員他人支持你的計畫。

這項工作要運用本書其他部分談到的軟技能和硬技能，像是策略、影響力、溝通和財務分析。你必須獲得組織中許多不同角色人員的信任，從決策者到工廠工人都包括在內。這些關係，以及你主持的專案團隊創意會議，都需要極大的情緒智慧。但你還必須執行並提出清晰、嚴謹的財務分析，來展示你的計畫。

## 利害關係人的觀點

擬定提案說明書，就是要把你的構想和你自己推銷給別人。如果你熱切琢磨數字，並練習作簡報，很容易就只專注在推銷構想，以及推銷自己的這兩部分：「我的構想是否夠令人信服？我能否贏得信任？」但就像任何有說服力的溝通，你的第一個問題應該是「對象是誰？」你的提案應該要能打動誰？你需要哪些人的支持？你不是對著虛空世界說明你提案的理由；你的對象，是一群各有自身利益和目標的個人。了解這些決策者，可協助你專門針對他們來規畫簡報內容，並讓那些意見很重要的人覺得你有說服力、值得信任。

## 第 1 步：確認你的決策者

首先，要詢問你的上司，由誰來審核你的構想，以及可能是如何作出最終決定。是由一個委員會進行投票嗎？由一個上級長官作出決定？檢視過去核准的專案，來確認這個資訊。比方說，如果你注意到財務部門的建議案很受重視，你就可以得出可靠的結論：財務長很有影響力。

你可能已經直覺知道公司眞正的影響力在何處。「大多數組織裡都會有一個占主導地位的部門，那個部門的領導人擁有非正式的權威，無論他的職稱是什麼，」產品開發專家雷蒙．席恩（Raymond Sheen）和《哈佛商業評論：提案說明書指南》（Guide to Building Your Business Case）編輯愛美．嘉露（Amy Gallo）寫道：「你可以假定，決策者審查你的提案說明書時，那個主導部門的目標會勝過其他部門的目標。」

## 第 2步：和擁護者結盟

擁護者是當你不在場時，會爲你的構想說話和爭取支持的人。在很多情況下，他們並非決策流程中最有影響力的人，但他們了解你提案說明書的價值，並能向其他人說明那種價值。如果要找到擁護者，就在審查委員會中找一位能直接強烈感受到你專案好處的人。然後，在你爲提案說明書強化細節之前、尚在探索及收集資訊之時，就去找他。問他目前的優先要務有哪些，以及他們正在努力解決什麼問題。接著，解釋你的計畫可以如何協助他們，並參考運用他的回饋意見，讓你的計畫更契合他們的需求。如果這個人願意，你的提案說明書完成之後，可以請他檢視。你應該打造直接訴諸擁護者動機的提案說明書，讓他是爲了自己，而不是爲了你，而支持你的提案說明。

這個人除了提供回饋意見和投票支持你之外，還可經由幾種不同方式支持你。思考一下，他的影響力和利益在於公司的哪個部分。然後，提出一個具體的問題。你的擁護者能否：

- 向主要的利害關係人與決策者，提供對你有利的介紹？
- 在你規畫那項專案時，協助你取得資源，例如，進行實地研究的經費？
- 排除障礙，或是鼓勵組織中的其他人與你合作？
- 和你一起制定策略，以贏得抗拒者的支持？
- 在你的簡報過程中扮演一個角色，例如，發表關鍵觀點？

## 第 3 步：了解聽眾的目標

爲確保你的構想也和其他決策者有共鳴，你應檢視你的部門或公司的策略優先要務。你必須了解你的構想如何支持那些優先要務，以及如何幫助評審人員實現目標。

當然，你要爭取的每個人可能各有不同目標，這取決於他們在公司內的職位。直接與你的上司及利害關係人溝通，找出那些目標是什麼。詢問他們以下的問題：

- 你今年主要的目標是什麼？你遭到哪些障礙？
- 你如何衡量成功？
- 以往你支持過哪些專案，有哪些成功的故事？你認爲那些行動計畫成功獲准的原因是什麼？

你的提案說明書，可能無法處理到你從中發現的每個需求與偏好，因爲你努力解決的，是公司的問題，而不是公司裡任何一個人的問題。但在這個流程的下一階段，你會用到這些深入見解：釐清你的建議想要滿足的那個需求。

## 釐清需求與價值

一旦你了解利害關係人的目標與觀點，就可以更仔細檢視你想解決的問題，以及你提出的解決方案的價值。

首先，確定你提案說明書背後的需求。哪些目標面臨困難？哪些流程運作不佳，哪些績效目標未達成？例如，如果你打算利用減稅優惠，就可以用這種方式來呈現這個需求：「我們的汙水處理設施已有十年未曾更新，而且不符合最新的州環保標準。我們每年浪費三十萬美元的營運成本，在上一代技術上，錯失了兩百萬美元的租稅獎勵，而且，可能有損我們公司的環保名聲。」

其次，探索你的解決方案能爲公司帶來什麼價值。你的構想如何對公司策略目標作出貢獻？它會如何提高績效、改善顧客經驗、增加獲利，或是降低成本？在前一個例子中，你可以敦促公司把節省的稅金投入新的成長計畫，或是把設施升級事宜，納入公司注重環保的行銷策略。如果把你的建議對公司、顧客和員工的好處，列得愈清楚，你的計畫就愈可能獲得通過。做法如下：

## 第 1 步：和受益人談談

有些人的工作職責，讓他們直接接觸到你要解決的問題，因而可能會受到你的解決方案影響，這些人就是受益人。席恩和嘉露建議你向他們提出這類問題：「這個問題何時開始出現（或何時將會開始出現）？問題如何呈現出來？多常出現？那個問題如何妨礙他們的團隊有效工作？公司中還有哪些人受到影響？我們有哪些顧客未得到良好服務？」

索取相關資料或文件（例如顧客的投訴、報告、問卷調查），之後若有人建議你可以去找哪些資料，就繼續收集。找機會親自到現場收集資訊。觀察製造流程、旁觀顧客服務代表的工作、請求參觀工廠、旁聽培訓課程。

席恩和嘉露敦促經理人在這個階段持續探索。「受益人可能不知道問題的根本原因……（或）他們內心可能已有解決方案。但有時候，他們要的不是最佳解決辦法。當然，你必須檢視這個選項，但那可能不是你的最終建議，尤其若是採用的成本很高，或是難以採用時。」不要急著下判斷，而應該盡量收集受益人對這個問題的經驗等相關資訊，並確保他們明白你重視他們的見解，並想幫助他們。他們的支持，會在你執行構想時發揮重大作用，並可能影響決策者對你提案說明書的審查。

在某些情況下，你必須與客戶或產業專家談談，以了解需求與機會。身爲經理人，你和外部各方坦誠談話會對你很有好處，他們可以持續爲你的策略與業務計畫提供資訊。

## 第 2 步：商定解決方案應達到什麼目標

現在，你已經更了解手邊的問題，以及可能的解決方案範圍，接下來回頭和利害關係人檢視你了解的內容。席恩和嘉露建議，使用以下問題來引導對話：

- 解決方案會在何處使用？在哪些辦公室和廠房？在多少個國家？
- 哪些人會受到這個解決方案的影響？單一部門或整個組織？
- 解決方案需要多快準備好可實施？我們會陸續推出，或是一次就全面推出？
- 我們應如何衡量解決方案的成效？是否有基準線可讓我們做比較？
- 我們是否應把這個解決方案和另一個相關的方案結

合起來？

重要的是，應該在準備提案說明書之前，進行這些談話。例如，你可能會發現，你和這個專案的決策者對解決方案的期望很不一樣，或是他們對問題的看法，和受益人的感受嚴重分歧。如果落差很大，你必須弄清楚你的利害關係人這些想法背後的原因，以及他們的標準有多大彈性。如果你根據很不合理的期望來打造計畫，注定會失敗。

## 成本效益分析

一旦你界定提案說明書要滿足的需求，以及應該達到的目標，就可開始打造解決方案。如果你正在評估幾種不同做法，可以用一些不同方式來審核，首先可採用成本／效益分析。這麼做的目標是製作一張詳細完整的圖，說明每一種方案對公司的財務狀況會有什麼影響。決策者會仔細檢視這項資訊，以決定你的提案說明書是否合理，以及你是不是可信的倡導者。

若要進行成本效益分析，首先從你正在考慮的選項中，挑出兩、三個最可行的進行分析。「如果你探討所有可能的選項，會把自己和你的團隊逼瘋，」席恩和嘉露警告說。首先，分析你最喜歡的選項，然後調整那些數字，看看和其他各選項比較的結果。「通常，你只是改變幾個數字，」席恩和嘉露建議，「例如，一個選項可能是分階段推出，而不是全面啓動。你的專案成本可能相似，但有一些效益要到後來才會顯現，所以你應減少第一年或第二年的數字。」

那麼，你究竟在尋找什麼數字？你的分析應該涵蓋以下的主要類別：

## 成本

- **專案成本**包括專案支出和資本支出。專案支出包括：開發、測試與量化、訓練與部署、差旅成本。「通常，我會先評估團隊中需要多少人，使用平均薪資率（average salary rate）來估算人事成本，」席恩說：「接下來，我會粗略估算差旅費和專案需購買的用品。」
  資本支出，與你在專案過程中購買或開發的資產有關。就像你在前一章看到的，資產會折舊，也就是說，資產在使用年限當中會失去價值。你的財務人員會知道，是否應在購買那年以單一數額列出資產成本，或是在數年期間攤提折舊。
- **營運成本**呈現的是專案啓動後，維持專案持續運作所需要花費的成本。人事、辦公場所、維護和授權費等開銷屬於這一類。你的部門可能得自行承擔專案成本，但營運成本可能分散由公司各部門共同承擔。另外也要關注過渡成本（transition cost），也就是實施解決方案過程中造成的破壞。

## 優點

- **營收**是你的方案透過銷售所獲得的任何額外金錢。你的銷售專家與行銷專家，可以協助你計算這個數字。請他們提供三種資訊：你能預期收到多少錢、何時會收到，以及長期來說競爭對手會如何回應。此外，計算營收時，務必要考慮銷貨成本，以免意外高估營收。若要估算你的業務變化可獲得多少營收，一個方法是檢查一個 2×2 的方格，一邊是比較現有客戶和新客戶，另一邊是比較增量營收與新的淨營收。你是否期望從現有客戶與產品（例如產品有新功能）增加營收？或者，是你向新客戶推銷新產品？或是兩者都有？
- **生產力節省的費用**，是指你提高效率而節省的金錢。也許，你建議的方案引入更具成本效益的材料，而降低生產成本；或者，你透過解雇員工或減少稅金，來節省開支。「如果你說你的專案可節省人事管理費用，你的利害關係人可能會問，『我們要解雇哪些人？』」席恩和嘉露建議，「除非解雇人，否則還是要付薪水給他們。即使你主張說他們會改做其他事情，還是沒有真的省到錢。你只是把開支轉移到組織的其他部門。」相反地，要在更有創意的地方尋求節省人事費用，像是降低加班費，或減少浪費時間的人爲錯誤。

雖然你在這個時點只是做些粗略的估計，但要使用公司的損益表，以確保你的預測符合實際情況。去找受益人及公司內外的專家談話，可減少你的臆測。例如，你的行銷部門可提供正確資訊，告訴你新產品線會對其他產品的營收有什麼影響；採購人員可告訴你，和新供應商簽訂的合約，會達到多少金額。但不要認爲這些數字理當如此。問專家如何得到那些數字，並考慮哪些偏誤可能促使某人高估或低估數字。追蹤主要試算表上每個數字的來處，並確保消息來源在你面對利害關係人時，樂於支持你。

## 風險的辨識與緩解

成本效益分析會縮小潛在解決方案的範圍。但在你選定一個方案之前，要進行另一輪測試。「試算表上的每一行，都是基於假設而計算的，你已詳細記錄，」席恩和嘉露寫道：「但如果那些假設錯誤，事情沒有按照計畫進行，情況會如何？如果最壞（或最好）的情況發生呢？」分析你的構想時，這個「如果…會如何？」的過程是很寶貴的。

要回答這些問題，要重新檢視支持你那些估計數字的所有信念。如果營建專案逾期了，情況會如何？如果有新競爭對手進入市場，情況會如何？如果明年全球經濟嚴重衰退，情況會如何？要估算每個可能情境對專案價值的影響。你可能會發現，最佳計畫其實很容易受到風險影響，因而選擇重新打造你的次優選項。或者，對這個專案成功的主要威脅，可能很類似公司內部最近的一次慘敗，因此你必須說明，爲何你的專案不會同樣遭到失敗。

不要溫和地看待你的模型。那些決策者當然不會溫和看待。他們或許不如你的團隊那麼熟悉那些數字，但他們在評估風險方面可能經驗豐富，並充滿想像力。如果他們對組織負有受託責任（fiduciary duty），會格外謹慎。你在考慮「風險因素」那一欄時，要牢記他們的觀點。

列出一張長長的潛在風險清單，並輸入試算表。若要找出最大的威脅與機會，席恩和嘉露建議，對每項風險的可能性及潛在影響進行評分。（在冬季因天氣而延遲：有可能，但延遲時程表不會超過幾天。小行星碰撞：極具破壞性，極不可能。）把每個風險的這兩個數字相乘，然後在你檢視最好和最壞情況的價值時，有系統地比較結果。席恩說，最終，「對於試算表裡大多數的行，你可能會選擇中間的數字，但你可能有理由對某些項目持保守或積極態度。比方說，如果你的重要利害關係人之一厭惡風險，你可能會選擇塡入較低的財務數字。如果延遲完成專案時會面臨嚴厲處罰，那麼你可能應該在有關專案時程的假設裡納入一些緩衝空間。」

讓主題專家爲你做這些調整，這類專家可能是重要的受益人或提供建議的專家等。他們會讓你知道，在爲風險作規畫時，在哪裡必須特別保守，在哪裡可採較積極的做法。而且對於每一組假設，他們都會協助你判定，你計算的投資報酬率是否合理，並在不合理時加以調整。

## 撰寫你的提案說明書

完成所有這些研究、分析和測試之後，你已選定一個理由充分的解決方案。在你的腦海中、筆記裡、你和合作者的談話中，這個方案聽起來都很棒，但如果要向決策者報告，你必須把所有那些分散的知識，組織成一份令人信服的文件。這份提案說明書應包含八個部分：

1. **內容摘要**。開頭是簡述問題或機會、你的解決方案的「如何」和「爲何」，以及預期的投資報酬率。
2. **商業需求**。更詳細地列出那個需求，把它連結到公司的策略目標。用資料來解釋爲什麼現在必須解決這個問題。
3. **專案概述**。概要說明你的解決方案的關鍵要素。說明它的範圍，和它會如何影響目前的企業流程。
4. **時程表、團隊和其他資源**。概述一個執行計畫，包括截止期限、階段性目標和人員。
5. **影響**。詳細說明方案對公司整體的效益，以及對特定一些部門的效益。使用數字，讓這個部分愈具體愈好。
6. **風險**。概述執行和不執行這個專案時涉及的主要風險。解釋你會如何掌握潛在優勢，並盡量減少缺點。

## 風險要素

- **人員**。如果負責這個專案的人員離職，情況會如何？如果沒有獲得你要求的全部資源，情況會如何？如果欠缺擁有某關鍵專長的人員，情況會如何？或者，相反地，如果你能組成一支全明星團隊，或是雇用一名外部專家，情況會如何？人員可能大幅影響任何專案是否能成功，所以應該仔細評估人員風險。
- **技術**。如果測試時遇到程式錯誤，情況會如何？如果員工很難適應新系統，情況會如何？如果你的技術投資，比預期的時間更快過時，情況會如何？你有什麼升級計畫？
- **品質／性能**。如果解決方案的績效不如預期，無論比你預期的更好或較差，情況會如何？如果由於時間緊迫導致品質不良，情況會如何？

7. **財務**。概述成本和效益，再度說明投資報酬率。
8. **最後的說服理由**。再度說明商業需求、你的解決方案有何好處，並再次點出投資報酬率。

你不必把它寫成一份 Word 文件；你講述的故事可採用

如果你無法達成價值主張的承諾，情況會如何？

- **範圍**。如果專案需要包含較多（或較少）的地理區域、員工或顧客，情況會如何？如果利害關係人改變要求呢？如果法規改變因而創造了新機會，情況會如何？
- **時程表**。如果你無法如期啟動專案，情況會如何？什麼會使你的計畫提前？專案之外，是否需要任何事情的配合，你才能完成專案？

資料來源：改編自雷蒙．席恩（Ray Sheen）和愛美．嘉露（Amy Gallo）合撰的《哈佛商業評論的打造提案說明指南》（HBR Guide to Building Your Business Case, Boston: Harvard Business Review Press, 2015）

多種形式，包括：現場簡報、以電子郵件發送 Word 文件或幻燈片。但要確定你製作的文件可以獨立存在，無論你最初是用什麼格式提交給利害關係人。這麼一來，錯過你簡報的人，或是以後想再了解細節的人，都能取得這份文件。

你完成這份文件之後，應再次審視，以確保它有力地回答了以下問題：你提議的是什麼？它為何很重要？為何它現在很重要？（記住，你要爭取的關注和投資，別人也在爭取。）你期望達到什麼結果？這些結果會對哪些人造成什麼影響？公司為何應投資這個構想？可能會出現什麼問題，你打算如何減輕那些問題，以確保專案成功？你會扮演什麼角色，來監督和支持專案成功？最後，具體地說，你要求某人批准、作出決定或支持的是什麼？

## 為你的計畫爭取支持

整個過程中，你一直在努力爭取支持，包括在利害關係人當中尋找盟友、尋求主題專家，並培養專案受益人對你的信任。你的提案說明書準備完成之後，現在，是告知別人、運用所獲支持的時候了。

在你提交提案說明書以供正式審核之前，先拿給一些人看看。當然，你會想拿給你的擁護者看看；如果你一直和他保持聯繫，提案的內容不會讓他感到意外。但不要指望一個人能影響整個團隊。聯繫審查委員會的其他成員，並徵求意見。詢問他們的普遍反應、他們最關切的事，以及他們希望看到提案定稿能解答的任何問題。

這些互動不僅是形式上的。你可能會根據收到的意見來修改提案說明書。如果要求別人提供回饋意見，然後又不理會那些意見，你給人的印象，可能比完全未要求任何建議更糟。如果你選擇不納入某人的構想，應解釋原因，或是制定一個應變計畫。

## 簡報

如果你是透過現場簡報來提交提案說明書，以供審核，那麼你在準備簡報時，要考慮你的聽眾。（有關如何作良好簡報的更多資訊，見第 6 章〈有效溝通〉。）但有一些小技巧，適用於所有情境：

### 校對簡報資料

你的資料無論是以書面文件或數位簡報的形式呈現，內容應該要很流暢，而且只強調最重要的構想和資料。限制自己一次只提一個構想，並保留簡報文稿，以供參考。你向決策者展示的所有資料，像是幻燈片、試算表、書面提案說明書，務必要做到沒有錯誤，並遵循優良寫作的基本規則。

### 讓對話和個人有關

不要「對」利害關係人談話，而要「和」他們交談。你愈讓他們加入談話，他們就愈能吸收你的論點。「如果你談到需求，就轉向對這一點有最痛苦感受的利害關係人，並邀（他們）針對這一點發表評論，」席恩和嘉露建議，「這可動員人們當著同儕的面，證明並支持你的提案說明書。」

### 讓專家受到矚目

這麼一來，可以顯示你很勤奮認眞地做準備，因而建立你的可信度；這麼做的另一個原因是，如果某個主題專家在公司內有良好評價，他們參與你的提案說明書，可能可以發揮很大的影響力。

### 處理反對人士

就像所有的團體對話一樣，這個對話可能會遭到一些抗拒。如果有人質疑你的計畫是否務實，就請你的主題專家發表意見。如果有人指出他們認爲你沒有處理的漏洞或風險，不要試圖貶低他們的觀點。「給予誠實、直接的回應，」席恩和嘉露建議。如果你眞的認爲那個觀點不値得考量，就巧妙地「問在座其他人，是否希望你做更多研究。如果其他人贊同你，他們可能會出面表示贊同。」

## 集合衆人之力

打造提案說明書時，你可能會感受到很大壓力，必須在上級面前好好表現。你的構想、你的創意、你的財務敏銳度，全都攤開來給每個人評斷。但最好的提案說明書，並不是個人天才的產物，而是同事協同工作的成果。從流程一開始就讓其他人參與，可以爲最終的提案說明書，建立共同責任感。你曾向他們徵詢意見、或諮詢專業知識的每個人，都會看到自己的構想反映在最終的提案說明書中，他們會希望它成功。

## 重點提示

- 打造提案說明書時，要仰賴你在本書中學到的「軟」、「硬」技能，從說服到財務分析等都包括在內。
- 了解你的決策者，有助於你專門針對他們製作你的報告內容，讓你在面對意見重要的人時，顯得有說服力和可信度。
- 最好的提案說明書不是個人天才的產物，而是同事協同工作的成果。

## 行動項目

**了解你們公司提案說明書的成功要素：**

- ☐ 安排和你的上司開會，多了解如何在組織中提出新的提案說明書。彙整一張問題清單，內容關於審查流程如何進行、哪些人員參與、他們的優先要務是什麼。
- ☐ 查看以往成功的提案說明書。找機會和負責那些專案的人談談，如果可以的話，詢問他們如何和決策團隊接觸、溝通。
- ☐ 檢視過去一年公司領導階層發出的重要訊息，尋找其中的共同主題。目前對公司最重要的挑戰、商機、策略是什麼？

**收集有關你的做法的資訊：**

- ❑ 和直接涉及你想解決的那個問題的人員談談，或是和未來將執行你的解決方案的人員談談。了解他們對那個問題的經驗，並請他們協助你得到一些親身經驗。
- ❑ 使用你從訪談和文件中收集到的資訊，描繪出你打算提議更改的流程。對最重要的痛點和無效率之處，作出你自己的判斷。
- ❑ 回頭去找你的利害關係人談談，看你們對潛在解決方案的範圍，是否看法一致。如果不是，你應探究意見不一的根源，並嘗試商討出新的共同看法。

**執行成本效益分析：**

- ❑ 對你的最優先選項進行成本效益分析，然後調整你最初的計算，以便和一、兩個替代方案進行比較。
- ❑ 合計營運成本和專案成本，以計算總成本。把營收（減去銷貨成本）加上生產力節省的費用，來計算效益。
- ❑ 諮詢主題專家和相關部門，爲每項成本和效益作出最佳估算。

**找出風險：**

- ❑ 檢視你估算各個數字時根據的信念。列出潛在風險清單。

- ❑ 建立一個試算表，來追蹤潛在風險，並為每一項風險評分。
- ❑ 要求團隊的不同成員，在你的模型中用不同的數字來試算。如果你獨自進行提案說明書，就請同事為你檢視一下。其他人會發現你疏忽的漏洞或機會。

**撰寫你的提案說明書：**

- ❑ 確定你的提案說明書要採用什麼格式：Word 文件、幻燈片，或是現場簡報。
- ❑ 起草一份提案說明書，包含八個部分。
- ❑ 檢視你的提案說明書，確保它能有力地回答利害關係人會提出的關鍵問題。記住，你終究還是要和有動機的人提案說明書是否述說了精采的故事，說明為何你的構想很棒，並引用你至今做過的所有分析？

**為你的計畫爭取支持：**

- ❑ 及早爭取支持。別在不熟悉與會人士的情況下作簡報：你應事先徵求決策者的意見，以便對他們關切的事作出回應，並為他們的問題備好解答。
- ❑ 不要一個人出席簡報會。請主題專家參與並支援你，並邀請與會的利害關係人在討論時扮演積極角色。
- ❑ 預期會遭到一些抗拒。單一個人的質疑並不是喪鐘響起：要真誠面對批評和詢問，不要不懂裝懂。

# 結語

你開始閱讀這本書時，懷著明確的目標，那就是要成爲更優秀的經理人和領導人。你逐漸掌握「如何」領導，但你是否明白「爲何」要領導？你爲何關心你的領導素質？成爲優秀經理人的最終目的（和最終獎勵）是什麼？你爲何要特別在這個「自我改進」項目上，投入這麼多的心血和努力？

對你來說，前述問題的一些答案可能很明顯。你想要做好工作。你想在職涯上更上層樓。你希望擁有工作表現優異帶來的深度滿足感。你很有競爭力，希望從人群之中脫穎而出。也許你希望充分發揮潛力，成爲卓越的領導人。

但成爲卓越領導人的重要意義，不僅在於「是」個卓越的領導人，也在於你對周遭世界的影響，受影響的是與你共事的人，以及你們共同創造的事物，那些事物包括構想、流程、關係、產品和解決方案，它們可以促進成長、讓世界運作更順暢、滿足深層的需求。

你對直接部屬的影響程度，對你來說可能並不明顯。很多時候，你可能覺得自己沒有足夠影響力。但你從自身經驗得知，上司對直接部屬的生活有巨大影響。你每年花費兩千小時以上，接受主管領導，包括與他們交談，聆聽他們說話，思索他們的情緒和動機。除了他們對你生產力、產出和職涯的影響，你和上級的關係也會影響你個人。上司和你的關係，會改變你和家人及朋友的關係，以及你如何思考、感受和夢想，即使在你不工作時也一樣。「管理這個專業如果做得好，是最高尚的職業，」哈佛商學院教授克雷頓．克里斯汀生說：「沒有其他職業像管理這樣，有這麼多方式可協助他人學習與成長……即使是從事交易，也無法產生培養人才所產生的那種深厚報酬。」

當你投注心力培植自我成爲領導人，就會開始了解到自己在別人生活中發揮的眞正力量。隨著歲月流逝，你衡量自己是否成功時，根據的標準是你爲公司帶來的創新與成長，以及你影響整個產業的創新。你會發現，你的報酬就在環繞你公司成敗的整個生態系統裡面：你協助創造的經濟成長、你服務的顧客，以及你作出貢獻的社區。但你也能看到，你的領導對你部屬的影響，包括他們的職場生活、個人生活和他們自身的成就。

# 延伸閱讀

## 第 1 章 接班領導力

**管理緒論：長官入學考試**
Becoming the Boss
琳達．希爾 Linda A. Hill
2007 年 1 月號

**領導人真正該做的事**
What Leaders Really Do?
約翰．科特 John P. Kotter
2011 年 11 月號

**經理人 vs. 領導人**
Managers and Leaders: Are They Different?
亞伯拉罕．索茲尼克 Abraham Zaleznik
《新手主管大作戰》（2014 暢銷更新版）

**作自我情緒的領導人**
Emotional Agility
蘇珊．大衛 Susan David
克里絲緹娜．康格爾頓 Christina Congleton
2013 年 11 月號

**搶救菜鳥經理人**

Saving Your Rookie Managers from Themselves

卡蘿・華克 Carol Walker

《新手主管大作戰》（2014 暢銷更新版）

## 第 2 章 建立信任感和可信度

**顯示人們是否值得信任的訊號**

Trustworthy Signals

大衛・迪斯農 DeSteno, David

影音｜ 2016.7.5

**在新職務中建立信譽**

Establish Credibility in a New Job

麥克・瓦金斯（Michael Watkins）

影音｜ 2017.5.4

**你就是領導典範**

Discovering Your Authentic Leadership

黛安娜・梅爾 Diana Mayer

安德魯・麥克連 Andrew N. McLean

彼得・席姆斯 Peter Sims

比爾・喬治 Bill George

2007 年 3 月號

**真誠，沒那麼簡單**

The Authenticity Paradox

荷蜜妮亞・伊巴拉 Herminia Ibarra

2015 年 1 月號

## 第 3 章 情緒智慧

**好情緒領導力**

Primal Leadership: The Hidden Driver of Great Performance
丹尼爾・高曼 Daniel Goleman
理查・波雅齊斯 Richard Boyatzis
安妮・瑪琪 Annie McKee
2013 年 1 月號

**成爲全方位領導人**

What Makes a Leader?
丹尼爾・高曼 Daniel Goleman
2009 年 4 月號

**以自覺領導感覺**

Leading by Feel
丹尼爾・高曼 Daniel Goleman 等
2014 年 8 月號

**打造復原力**

How Resilience Works
黛安・庫圖 Diane L. Coutu
《哈佛教你做好自我管理》，2015 年 10 月 21 日

**作自我情緒的領導人**

Emotional Agility
蘇珊・大衛 Susan David
克里絲緹娜・康格爾頓 Christina Congleton
2013 年 11 月號

**誰怕回饋意見**
Fear of Feedback
傑・傑克曼 Jay M. Jackman
蜜拉・史卓伯 Myra H. Strober
《哈佛教你高 EQ 管理術》，2017 年 3 月 31 日

**萬一好領袖作出壞決策**
Why Good Leaders Make Bad Decisions
安德魯・坎貝爾 Andrew Campbell
喬・懷海德 Jo Whitehead
席尼・芬克斯坦 Sydney Finkelstein
《哈佛教你高 EQ 管理術》，2017 年 3 月 31 日

**有禮才有利**
The Price of Incivility
克莉絲汀・波拉森 Christine Porath
克莉絲汀・皮爾森 Christine Pearson
2013 年 1 月號

**推升高 EQ 團隊**
Building the Emotional Intelligence of Groups
凡妮莎・厄奇・杜魯斯凱特 Vanessa Urch Druskat
史蒂芬・沃爾夫 Steven B. Wolff
2011 年 7 月號

**感同身受領導力**
Social Intelligence and the Biology of Leadership
丹尼爾・高曼 Daniel Goleman
理查・波雅齊斯 Richard Boyatzis
2008 年 9 月號

## 第 4 章 成功的自我定位

**爲什麼要聽你的？**

Why Should Anyone Be Led by You?
羅伯．高菲 Robert Goffee
蓋瑞．瓊斯 Gareth Jones
2011 年 12 月號

**領導的工作**

The Work of Leadership
隆納德．海菲茲 Ronald A. Heifetz
《哈佛教你領導學》，2015 年 6 月 22 日

## 第 5 章 成為有影響力的人

**主管必備說服藝術**

The Necessary Art of Persuasion
傑伊．康格 Jay A. Conger
《哈佛教你打造溝通力》，2015 年 12 月 29 日

**《跟著哈佛修練職場好關係》**

*HBR Guide to Managing Up and Across.*
書籍｜ 2016 年 9 月 30 日
哈佛商業評論全球繁體中文版出版

**人脈經營：靠關係出頭天**

How Leaders Create and Use Networks
荷蜜妮亞．伊巴拉 Herminia Ibarra
馬克．杭特 Mark Hunter
2007 年 1 月號

**一個微軟，四個整合做法**
One Microsoft. Four Ways to Integrate Fiefdoms.
瑞姆・夏蘭 Ram Charan
數位版文章｜ 2013.8.9

**讓擋住顧客的高牆倒下**
Silo Busting: How to Execute on the Promise of Customer Focus
藍傑・古拉地 Ranjay Gulati
2007 年 5 月號

**若想說服別人，理智與情感何者優先？**
Focus on Winning Either Hearts or Minds
麗莎・賴 Lisa Lai
數位版文章｜ 2015.6.12

## 第 6 章 有效溝通

**學得來的領袖魅力**
Learning Charisma
約翰・安東納基斯 John Antonakis
瑪莉卡・芬利 Marika Fenley
蘇・李契提 Sue Liechti
2012 年 6 月號

**製作讓人印象深刻的投影片**
Create Slides People Will Remember
南西・杜爾特 Nancy Duarte
影音｜ 2018.2.1

**用故事結構包裝你的簡報**
Structure Your Presentation Like a Story

南希．杜爾特 Nancy Duarte
數位版文章｜ 2012.11.29

**主管必備說服藝術**
The Necessary Art of Persuasion
傑伊．康格 Jay A. Conger
《哈佛教你打造溝通力》，2015 年 12 月 29 日

**經營一場真誠的演說**
How to Become an Authentic Speaker
尼克．摩根 Nick Morgan
《哈佛教你打造溝通力》，2015 年 12 月 29 日

## 第 7 章 個人生產力

**把時間留給關鍵工作**
Make Time for the Work That Matters
朱利安．柏金紹 Julian Birkinshaw
喬丹．柯恩 Jordan Cohen
2013 年 9 月號

**幫助員工尋找到「專注忘我的境界」**
Help Your Employees Find Flow
泰瑞．葛瑞芙斯 Terri Griffith
數位版文章｜ 2014.5.2

**別讓大腦超載了**
Overloaded Circuits
艾德華．哈洛威爾 Edward M. Hallowell
《哈佛教你做好自我管理》，2015 年 10 月 21 日

**能「量」管理新顯學**
Manage Your Energy, Not Your Time
東尼・史瓦茲 Tony Schwartz
2008 年 8 月號

**實現你的豐富人生**
Be a Better Leader, Have a Richer Life
史都華・費立曼 Steward D. Friedman
2011 年 8 月號

## 第 8 章 自我發展

**精算人生三題**
How Will You Measure Your Life?
克雷頓・克里斯汀生 Clayton M. Christensen
2010 年 7 月號

**打造目的影響力**
From Purpose to Impact
尼克・克雷格 Nick Craig
史考特・史努克 Scott Snook
2014 年 5 月號

**杜拉克教你自我管理**
Managing Oneself
彼得・杜拉克 Peter F. Drucker
2007 年 12 月號

**化批評爲指教**
Find the Coaching in Criticism
希拉・漢 Sheila Heen

道格拉斯・史東 Douglas Stone
2014 年 1 月號

**強化你的強項到最強**
How to Play to Your Strengths
羅拉・摩根・羅伯茲 Laura Morgan Roberts
葛瑞琴・史畢茲 Gretchen Spreitzer
珍・達頓 Jane Dutton
羅伯・昆恩 Robert Quinn
艾蜜莉・希菲 Emily Heaphy
布萊娜・巴克 Brianna Barker
2015 年 7 月號

## 第 9 章 自信授權

**授權員工的六大迷思**
6 Myths About Empowering Employees
大衛・馬凱特 David Marquet
數位版文章 | 2015.6.19

**授權：國王的新衣**
Empowerment: The Emperor's New Clothes
克利斯・阿奇利斯 Chris Argyris
數位版文章 | 2007.1.1

## 第 10 章 提供有效回饋意見

**誰怕回饋意見**
Fear of Feedback
《哈佛教你高 EQ 管理術》，2017 年 3 月 31 日

**員工想要聽你給的負面意見**
Your Employees Want the Negative Feedback You Hate to Give
傑克・詹勒 Jack Zenger
約瑟夫・霍克曼 Joseph Folkman
數位版文章｜ 2014.1.27

**回饋意見必須要有評量標準**
Feedback Without Measurement Won’t Do Any Good
麥克・許瑞吉 Michael Schrage
數位版文章｜ 2015.8.24

**Adobe 公司建構回饋意見對話**
How Adobe Structures Feedback Conversations
大衛・柏克斯 David Burkus
數位版文章｜ 2017.8.19

## 第 11 章 培養人才

**重任之下有勇夫**
One More Time: How Do You Motivate Employees?
菲德烈・赫茲伯格 Frederick Herzberg
2008 年 2 月號

**我的部屬是「明星球員」**
How to keep A Players Productive
史蒂芬・柏格拉斯 Steven Berglas
2006 年 9 月號

**21 世紀人才「照過來」**
21st-Century Talent Spotting
克勞帝歐・佛南迪茲－亞勞茲 Claudio Fernández-Aráoz

2014 年 6 月號

## 第 12 章 領導團隊

**創新推手：多元化**

How Diversity Can Drive Innovation

席薇亞．安．惠烈 Sylvia Ann Hewlett

梅琳達．馬歇爾 Melinda Marshall

蘿拉．薛賓 Laura Sherbin

2013 年 12 月號

**團隊力**

The Discipline of Teams

瓊．卡然巴哈 Jon R. Katzenbach

道格拉斯．史密斯 Douglas K. Smith

2007 年 11 月號

**「異」中求「同」領導學**

Managing Multicultural Teams

珍妮．布瑞特 Jeanne Brett

克莉絲汀．貝法爾 Kristin Behfar

瑪麗．肯恩 Mary C. Kern

2006 年 11 月號

**飛越文化地雷**

Navigating the Cultural Minefield

艾琳．梅爾 Erin Meyer

2014 年 5 月號

## 第 13 章 培養創意

### 皮克斯的創意合體

How Pixar Fosters Collective Creativity
艾德・凱特穆 Ed Catmull
2008 年 9 月號

### 寶僑推升三倍創新力

How P&G Tripled Its Innovation Success Rate
布魯斯・布朗 Bruce Brown
史考特・安東尼 Scott D. Anthony
《哈佛教你掌握頂尖企業成功方程式》，2016 年 12 月 31 日

### 領導人培養創意四法

How Senior Executives Find Time to Be Creative
艾瑪・賽普拉 Emma Seppala
2017 年 10 月號

## 第 14 章 招募和留住最佳人才

### 21 世紀人才「照過來」

21st-Century Talent Spotting
克勞帝歐・佛南迪茲－亞勞茲 Claudio Fernández-Aráoz
2014 年 6 月號

### 留住未來領導人

How to Hang On to Your High Potentials
克勞帝歐・佛南迪茲－亞勞茲 Claudio Fernández-Aráoz
鮑瑞思・葛羅伊斯堡 Boris Groysberg
尼汀・諾瑞亞 Nitin Nohria
2011 年 10 月號

**小進展大力量**
The Power of Small Wins
泰瑞莎・艾默伯 Teresa M. Amabile
史帝文・克瑞默 Steven J. Kramer
2011 年 5 月號

## 第 15 章 策略入門課

**策略是什麼？**
What Is Strategy?
麥可・波特 Michael E. Porter
2007 年 3 月號

**領導人生存指南**
A Survival Guide for Leaders
隆納德・海菲茲 Ronald A. Heifetz
馬悌・林斯基 Marty Linsky
2010 年 2 月號

**精實創業改變全世界**
Why the Lean Start-Up Changes Everything
史蒂芬・布蘭克 Steve Blank
2013 年 5 月號

**優勢資源戰**
Competing on Resources
大衛・柯里斯 David J. Collis
辛西亞・蒙哥馬利 Cynthia A. Montgomery
2008 年 3 月號

**商業模式再創新**
Reinventing Your Business Model
馬克・強森 Mark W. Johnson
克雷頓・克里斯汀生 Clayton M. Christensen
孔翰寧 Henning Kagermann
2008 年 12 月號

**藍海策略**
Blue Ocean Strategy
金偉燦 W. Chan Kim
芮妮・莫伯尼 Renee Mauborgne
《哈佛教你定策略》，2014 年 10 月 1 日

**發現導向規劃：規劃新投資事業**
Discovery-Driven Planning
莉塔・麥奎斯 Rita Gunther McGrath
伊安・麥克米蘭 Ian C. MacMillan
《不確定性管理》，2007 年 1 月 1 日

**波特新論競爭五力**
The Five Competitive Forces That Shape Strategy
麥可・波特 Michael E. Porter
2008 年 1 月號

**企業核心能力**
The Core Competence of the Corporation
普哈拉 C.K. Prahalad
蓋瑞・哈默爾 Gary Hamel
2007 年 3 月號

**讓失靈市場靈活運轉**
The Art of Designing Markets
艾文．羅斯 Alvin E. Roth
2007 年 10 月號

**欺敵競爭策略**
Curveball Strategies to Fool the Competition
喬治．史托克 George Stalk, Jr.
2014 年 7 月號

**誰怕破壞者！**
Surviving Disruption
麥克斯威爾．威塞爾 Maxwell Wessel
克雷頓．克里斯汀生 Clayton M. Christensen
2012 年 12 月號

**發現下一桶金**
Finding Your Next Core Business:What if you’ve taken your core as far as it can go?
克利斯．祖克 Chris Zook
2007 年 4 月號

## 第 16 章 掌握財務工具

**《跟著哈佛鍛鍊財務基本功》**
*HBR Guide to Finance Basics for Managers*
大衛．史陶弗 David Stauffer
書籍｜ 2016 年 3 月 31 日
哈佛商業評論全球繁體中文版出版

## 第 17 章 打造提案說明書

**點亮你的絕妙構想**
How to Pitch a Brilliant Idea
金柏莉・艾爾斯巴 Kimberly D. Elsbach
《哈佛教你打造溝通力》，2015 年 12 月 29 日

**設計一個故事來推銷你的業務提案**
Craft a Story to Sell Your Business Case
影音︱ 2017.8.8

**百變讓老闆點頭**
Change the Way You Persuade
蓋瑞・威廉斯 Gary A. Williams
羅伯・米勒 Robert B. Miller
《哈佛教你打造溝通力》，2015 年 12 月 29 日

**讓創投點頭的四大關鍵**
How Venture Capitalists Really Assess a Pitch
2017 年 6 月號

國家圖書館出版品預行編目（CIP）資料

哈佛教你精修管理力：17 個讓領導人從 A 到 A+ 的必備技能 / << 哈佛商業評論 >> 英文版編輯室著；蘇偉信，侯秀琴，劉純佑譯．-- 第一版．-- 臺北市：<< 哈佛商業評論 >> 全球繁體中文版，2018.08

面；　公分．---　　（閱讀哈佛；16）

ISBN 978-986-95718-2-1（精裝）

1. 企業領導　2. 組織管理

494.2　　107012738

閱讀哈佛 016

# 哈佛教你精修管理力

## 17 個讓領導人從 A 到 A+ 的必備技能

作者／《哈佛商業評論》英文版編輯室
譯者／蘇偉信、侯秀琴、劉純佑
責任編輯／張玉文、陳春賢、鄧嘉玲
封面設計／李健邦
版型設計／梁麗芬

出版者／遠見天下文化出版股份有限公司 《哈佛商業評論》全球繁體中文版
創辦人／高希均、王力行
遠見．天下文化．事業群 董事長／高希均
事業群發行人／ CEO ／王力行
《哈佛商業評論》全球繁體中文版總編輯／楊瑪利
版權總監／潘欣
法律顧問／理律法律事務所陳長文律師　　著作權顧問／魏啓翔律師
地址／台北市 104 松江路 93 巷 1 號 1 樓
讀者服務專線／ 02-2662-0012　傳真／ 02-2622-0007　02-2662-0009
電子郵件信箱／ hbrtaiwan@cwgv.com.tw
郵政劃撥戶名／遠見天下文化出版股份有限公司
郵政劃撥帳號／ 1052163-6 號

電腦排版／立全電腦印刷排版有限公司
製版廠／沈氏藝術印刷股份有限公司
印刷廠／沈氏藝術印刷股份有限公司
裝訂廠／精益裝訂股份有限公司
總經銷／大和書報圖書股份有限公司 電話／ 02-8900-2588
出版日期／ 2018 年 8 月 30 日第一版第 1 次印行
定價／ 600 元
Original work copyright © 2017 Harvard Business School Publishing Corporation
Complex Chinese translation copyright © 2018 by Harvard Business Review Complex Chinese Edition, a division of Global Views Commonwealth Publishing Group
Published by arrangement with Harvard Business Review Press
through Bardon-Chinese Media Agency
ALL RIGHTS RESERVED
ISBN：978-986-95718-2-1　　　　書號：BHBRCC016

※ 本書如有缺頁、破損、裝訂錯誤，請寄回本公司調換。
※ 本書僅代表作者言論，不代表本社立場。